DESCENDENCIA LOGICA

NI CREACIÓN
NI EVOLUCIÓN

Tratado general

DECODIFICACIÓN
DEL ORÍGEN
DEL HOMBRE
EN LA TIERRA

Juan de dios Cabral

Número de Control de la Biblioteca del Congreso de EE. UU.:		2013911373
ISBN:	Tapa Dura	978-1-4633-6044-3
	Tapa Blanda	978-1-4633-6045-0
	Libro Electrónico	978-1-4633-6046-7

Para realizar pedidos de este libro, contacte con:
Palibrio LLC
1663 Liberty Drive, Suite 200
Bloomington, IN 47403
Gratis desde EE. UU. al 877.407.5847
Gratis desde México al 01.800.288.2243
Gratis desde España al 900.866.949
Desde otro país al +1.812.671.9757
Fax: 01.812.355.1576
ventas@palibrio.com
470557

ÍNDICE GENERAL

DEDICATORIA

A las generaciones ancestrales perdidas en el tiempo, origen y ascendencia de la humanidad.

A los hombres y mujeres filántropos del mundo que fueron capaces de desafiar el "bien" y el mal en favor de la humanidad.

A las generaciones presentes, por haber asumido el pasado con espíritu de sensatez, de prudencia y de sabiduría y hacer los cambios y transformaciones precisos, soportes para el futuro.

A las generaciones futuras, por el privilegio que le ha sido reservado, en orden de desarrollar su inteligencia a plenitud, de conciliar con toda la humanidad e inter.-relacionar con otras civilizaciones del Universo.

ACTA DE DECLARACIÓN

1) Considerando: que el relato de la creación contenido en el Génesis (primer libro de la Biblia) carece de base histórica, científica y lógica para probar los hechos que se narran sobre el origen, puesto que dicho relato fue escrito en el pasado reciente y tanto el Universo como el hombre y demás creaturas datan de innumerables millones de años de existencia.

2) Considerando: que la teoría del Big Bang presume que el Universo surgió de la nada producto de una gran explosión, pero aún no se toma en cuenta, el espacio, tiempo y componentes vitales que dieron lugar a tal explosión.

3) Considerando: que la teoría de la evolución plantea de manera muy limitada el origen y evolución de las especies, ya que solo se basa en la transformación y desarrollo biológico y no toma en consideración el desarrollo de la inteligencia, lo cual debió ser simultáneo, no solo a partir del homosapiens (hombre), que según esta teoría es cuando se desarrolla la inteligencia, sino que cada especie debió tener un nivel distinto de inteligencia de acuerdo a la etapa y proceso evolutivo correspondiente.

4) Considerando: que a pesar de todo cuanto se le ha inculcado a la humanidad sobre el origen, tanto del Universo como del hombre, continuamos formulándonos las mismas interrogantes, eso significa que seguimos insatisfechos con las respuestas de ambas teorías.

5) Considerando: que como creaturas del Universo tenemos pleno derecho de investigar, conocer, expresar y cuestionar todo aquello que nos permita encontrar la verdad sobre nuestro origen.

6) Considerando: que desde hace miles de años, especialmente la teología ha tratado de dar una respuesta al gran enigma de la creación y posteriormente los científicos evolucionistas sin que ninguno lleguen a conclusiones concretas.

7) Considerando: que la humanidad está ansiosa por conocer sus verdaderos orígenes, o por los menos tener la seguridad de que no es descendencia del mono ni de Adán y Eva ya que el jardín del Edén nunca existió con las características mitológicas que lo presentan.

8) Considerando: que por ser el hombre la creatura más inteligente de la tierra y la más superior de todas, no puede ser jamás descendencia de otras creaturas inferiores que ni han tenido la facultad ni la capacidad de razonar, crear, y decidir.

9) Considerando: que las distintas razas que cohabitan el planeta, es muy probable que procedan de distintos puntos del universo y no de un tronco común como lo plantean tanto la Biblia como la evolución.

10) Considerando: que es un imperativo categórico que la humanidad amplíe su visión del Universo y reafirme su respeto por el quehacer científico y religioso, siempre que se busque y se trate de verdades tangibles y lógicas.

11) Considerando: que es irrefutable la evidencia de innumerables apariciones de fenómenos desconocidos en diferentes lugares, en diferentes formas, y en diferentes épocas a lo largo y ancho del planeta. Es una realidad que queramos o no, más temprano que tarde tendremos que admitir.

12) Considerando: que el Universo es la más concreta de las realidades el cual está provisto de una energía que hace vibrar todo cuanto en el existe, al tiempo que lo vitaliza. Tal energía es creada por una fuerza superior omni-presente que se auto crea, armoniza todo y está en todo.

Por consiguiente, cuestionamos la veracidad de los postulados propuestos tanto por la teoría de la creación así como por la teoría de la evolución, al tiempo que proponemos una tercera vía sobre la aparición del hombre en la tierra, la cual podría aproximarse más a la realidad del origen y despejar dudas y confusiones que por miles de años ha arrastrado la humanidad.

"Pueda que mi verdad no sea toda la verdad, pero es la verdad que más se aproxima a toda la verdad."

Diciembre, 24 del 2012
"O más bien: Diciembre 24 del 6111"

Juan de Dios Cabral

INTRODUCCIÓN

El Universo y todo cuanto existe se crea por una razón lógica. No solo se crean los diversos espacios; llámense Galaxias, planetas, Astros o estrellas, sino, que se crean las energías que producen la vida en todo el universo, porque el universo todo está animado por esas energías las cuales se encargan de establecer total harmonía en todo y nada puede existir fuera de tal harmonía. Nada existe al azar. Todo existe por una razón lógica y para un fin. No existe vacío de nada, todo es perfectísimo como su creador, aunque en diferentes manifestaciones y dimensiones.

Todo el Universo está presente y expresado en cada elemento existente, aún en aquello que jamás tendremos ni siquiera la posibilidad de percibir y pensar.

Ingenuamente nos preguntamos, dónde comienzan y dónde terminan los límites del Universo? La respuesta es sencilla: Comienzan y terminan en cada ser, en cada cosa, en cada elemento. La inmensidad del Universo está expresada en la particularidad de la más ínfima partícula que compone el átomo. Si llegamos a conocer de qué están compuestas las partículas que constituyen el átomo, ya conocemos a plenitud el Universo.

Solo se puede conocer y amar al Universo y todo cuanto en él existe, cuando logramos armonizar con todo aquello que nos rodea proyectando y recibiendo todas las energías que circundan a nuestro alrededor. Todo el Universo y cuanto existe están ahí, en ti particular y totalmente. Solo se puede hablar de amor infinito cuando somos capaces de abrirnos a todo el Universo en todas sus manifestaciones.

Desde que el ser humano comienza a existir, comienzan sus necesidades. Desde que el ser humano comienza a razonar y a pensar sobre su propio origen, comienza a hacer diferencias entre las demás criaturas, al tiempo que las somete bajo su dominio y crea diferentes estilos de vida y otros mecanismos que lo diferencian de todas las demás especies. El ser humano siempre ha estado consciente que es un ser superior aún antes de la época de las cavernas, y no porque viviera en las cavernas fuera menos inteligente. En esa época surgieron inventos de gran trascendencia los cuales son fundamentales hoy día; por ejemplo, el fuego y la lanza entre otros.

Hace miles de años el ser humano ha venido formulándose un sin número de interrogantes sobre su existencia, sobre el universo, sobre el creador, sobre el origen, sobre su destino y otras tantas más. De alguna manera se ha querido dar respuestas, pero aún seguimos insatisfechos porque dichas respuestas no han sido lo suficientemente sólidas como para satisfacer dichas inquietudes.

La humanidad busca verdades más sólidas, más lógicas y más concretas sobre la realidad de las cosas, pero aún continuamos con un gran conflicto emocional porque dudamos profundamente del origen que tanto la ciencia como la teología han querido dar. Estamos profundamente insatisfechos porque en el fondo sabemos que ese no es nuestro origen. Muchos lo aceptan porque realmente no han tenido otra alternativa o respuesta más convincente.

Somos la única especie capaz de planificar situaciones en contra o a favor de sí misma. La única especie contradictoria e individualista, pero al mismo tiempo capaz de socializar entre sí y con todo lo que le rodea, esto se debe a la inmensa capacidad de poder hacer diferencias entre todo lo que le rodea como especie. a Las demás especies pueden distinguir qué individuo o grupo no corresponde a su especie, pero solo eso. La especie humana es la única capaz de socializar con todas las demás especies aunque sea con el fin de someterlas bajo su dominio, precisamente porque desde el principio su inteligencia ha estado a millones de años luz de las demás especies. Somos una especie exclusiva desde nuestra aparición en el planeta tierra.

DESCENDENCIA LÓGICA

INDICE-TRATADO

No. I

DECODIFICACIÓN DEL ORIGEN DEL HOMBRE EN LA BIBLIA

I

DECODIFICACIÓN DEL ORIGEN DEL HOMBRE EN LA BIBLIA

CREACION DEL UNIVERSO

"En el principio creo Dios los cielos y la tierra. La tierra era caos y confusión y oscuridad por encima del abismo, y un viento de Dios aleteaba por encima de las aguas. Dijo Dios: "Haya luz", y hubo luz. Vio Dios que la luz estaba bien, y apartó Dios la luz de la oscuridad; y llamó Dios a la luz "día", y a la oscuridad la llamó "noche". Y atardeció y amaneció: día primero.

Dijo Dios: "Haya un firmamento por en medio de las aguas, que las aparte unas de otras." E hizo Dios el firmamento; y aparto las aguas de por debajo del firmamento, de las aguas de por encima del firmamento. Y así fue. Y llamó Dios al firmamento "cielos". Y atardeció y amaneció: día segundo.

Dijo Dios: "Acumúlense las aguas de por debajo del firmamento en un solo conjunto, y déjese ver lo seco;" y así fue. Y llamó Dios a lo seco "tierra", y al conjunto de las aguas lo llamó "mares"; y vio Dios que estaba bien.

Dijo Dios: "Produzca la tierra vegetación; hierbas que den semillas y árboles frutales que den fruto, de su especie, con su semilla dentro, sobre la tierra." Y así fue. La tierra produjo vegetación: hierbas que dan semilla, por sus especies, y árboles que dan fruto con la semilla dentro, por sus especies; y vio Dios que estaba bien. Y atardeció y amaneció: día tercero.

Dijo Dios: "Haya luceros en el firmamento celeste, para apartar el día de la noche, y valgan de señales para solemnidades, días y años; y valgan de luceros en el firmamento celestes para alumbrar sobre la tierra." Y así fue.

Hizo Dios los dos luceros mayores; el lucero grande para el dominio del día, y el lucero pequeño para el dominio de la noche, y las estrellas; y pusolos Dios en el firmamento celeste para alumbrar sobre la tierra, y para dominar en el día y en la noche, y para apartar la luz de la oscuridad; y vio Dios que estaba bien. Y atardeció y amaneció; día cuarto".

(Biblia de Jerusalén: Génesis Cap. 1-vs.1-19).

Origen de la vida

"Dijo Dios: "Bullan las aguas de animales vivientes, y aves revoloteen sobre la tierra contra el firmamento celeste." Y creó Dios los grandes monstruos marinos y todo animal viviente, los que serpean, de los que bullen las aguas por sus especies, y todas las aves aladas por sus especies; y vio Dios que estaba bien; y bendijolos Dios diciendo: "sed fecundos y multiplicaos, y henchid las aguas en los mares, y las aves crezcan en la tierra." Y atardeció y amaneció: día quinto.

Dijo Dios: "Produzca la tierra animales vivientes de cada especie: bestias, sierpes y alimañas terrestres de cada especie." Y así fue. Hizo Dios las alimañas terrestres de cada especie, y las bestias de cada especie, y toda sierpe del suelo de cada especie: y vio Dios que estaba bien".

(Biblia de Jerusalén: Génesis Cap.1-vs.20-25).

Origen del ser humano

"Y dijo Dios: "Hagamos al ser humano a nuestra imagen, como semejanza nuestra, y manden en los peces del mar y en las aves de los cielos, y en las bestias y en todas las alimañas terrestres, y en todas las sierpes que serpean por la tierra."

Creó, pues, Dios al ser humano a imagen suya, a imagen de Dios le creó, macho y hembra los creó.

Y bendijolos Dios, y dijoles Dios: "Sed fecundos y multiplicaos y henchid, la tierra y sometedla; mandad en los peces del mar y en las aves de los cielos y en todo animal que serpea sobre la tierra."

Dijo Dios: "Ved que os he dado toda hierba de semilla que existe sobre la haz de toda la tierra, así como todo árbol que lleva fruto de semilla; para vosotros será de alimento.

Y a todo animal terrestre, y a toda ave de los cielos y toda sierpe de sobre la tierra, animada de vida, toda la hierba verde les doy de alimento." Y así fue. Vio Dios cuanto había hecho, y todo estaba muy bien. Y atardeció y amaneció: día sexto.

Cap.2 Concluyéronse, pues, los cielos y la tierra y todo su aparato, y dio por concluida Dios en el séptimo día la labor que había hecho, y cesó en el día séptimo de toda la labor que hiciera. Y bendijo Dios el día séptimo y lo santificó; porque en el cesó Dios de toda la obra creadora que Dios había hecho.

Esos fueron los orígenes de los cielos y la tierra, cuando fueron creados."

(Biblia de Jerusalén: Cap.1-vs.26-31, Cap.2-vs.1-4).

Según la Biblia, "creó Dios al Hombre barón y hembra. Al barón le llamó Adán y a la hembra le llamó Eva." Al tiempo que le dio instrucciones precisas de qué debían hacer, como fueron: crecer y multiplicarse para de esa manera llenar la faz de la tierra, al tiempo que le otorgó dominio sobre todo lo creado.

El Autor del Génesis parece tener una visión muy limitada de la grandeza del creador y de la dimensión del Universo ya que concentra todo el accionar del creador en el planeta tierra y todo aquello que está a su alrededor: como el sol, la luna y las estrellas. Para él, tanto el Universo como el hombre tienen su origen en el planeta tierra ya que según él, aquí fue donde plantó Dios el jardín del Edén y desde aquí creó todo el Universo. Además, es el lugar donde se origina toda especie de vida.

Según el autor del Génesis, anteriormente no existía nada, todo era confusión y Caos y es aquí que aparece Dios ordenando todo y creando todo cuanto existe, lo que no está claro es, cuándo sucedió todo esto, si antes o después de la desaparición de los Dinosaurios, ya que si fue antes, entonces existía tanto el Universo como el hombre y si fue después también existía el hombre, el Universo, y por lo menos, los Dinosaurios.

La creación tratada de este modo parece haber surgido por arte de magia, pero supongamos que así fuera para darle algún crédito al autor del Génesis. Lo que no pudo haber sido es, que Dios estuviese ausente o dormido hasta que de repente se despertó y se le ocurrió crear al hombre y al Universo y todo cuanto existe.

El autor del Génesis pretende ser tan exacto que se atreve a señalar los días que tardó Dios en el proceso de la creación.

Desde que se escribió el libro del Génesis que hace apenas unos cuantos miles de años, (que realmente no es mucho tiempo comparado con las decenas o cientos de miles de años que apareció el ser humano en el planeta tierra), no hemos aprendido otra cosa que no sea ver el Universo, al hombre y su Creador desde la óptica que nos enseña el Génesis.

El relato de la creación no es una verdad histórica, ni científica, ni mucho menos lógica que demuestre que los acontecimientos que este narran ocurrieran del modo que se presentan, es más, ni siquiera ocurrieron. No son más que acontecimientos imaginarios creados en la mente del autor, lo que ha de suponerse que fueran narrados miles de años después que apareciera el hombre en el planeta tierra.

Genealogía de Jesús
Según San Lucas
Cap. 3, 23-38.

Según está escrito en la Biblia de Jerusalén, en el evangelio de San Lucas Cap. 3 vs 23-38. Existe un relato sobre las generaciones que antecedieron a Jesús hasta terminar con Adán, supuestamente el primer hombre creado en la tierra, y dice así:

"Tenía Jesús, al comenzar, unos treinta años, y era según se creía hijo de José, hijo de Heli, hijo de Mattat, hijo de Levi, hijo de Melki, hijo de Janai, hijo de José, hijo de Mattatias, hijo de Amos, hijo de Naum, hijo de Esli, hijo de Nangay, hijo de maaz, hijo de Mattatias, hijo de Semein, hijo de Josec, hijo de Jodá, hijo de Joanán, hijo de Resá, hijo de Zorobabel, hijo de Salatiel, Hijo de Neri, hijo de Melki, hijo de Abdi, hijo de Cosam, hijo de Elmadam, hijo de Er, hijo de Jesús, hijo de Eliezer, hijo de Jorim, hijo de Mattat, hijo de Levi, hijo de Simeon, hijo de Judá, hijo de José, hijo de Jonam, hijo de Eliaquim, hijo de Melea, hijo de Menná, hijo de Mattatá, hijo de Natán, hijo de David, hijo de Jesé, hijo de Obed, hijo de Booz, hijo de Sala, hijo de Naasson, hijo de Aminadab, hijo de Admin, hijo de Arni, hijo de Esrom, hijo de Fares, hijo de Judá, hijo de Jacob, hijo de Issac, hijo de Abraham, hijo de Tara, hijo de Najor, hijo de Serug, hijo de Ragau, hijo de Falek, hijo de Eber, hijo de Sala, hijo de Cainam, hijo de Arfaxad, hijo de Sem, hijo de Noé, hijo de Lamek, hijo de Matusalén, hijo de Henoc, hijo de Jaret, hijo de Maleleel, hijo de Cainam, hijo de Enós, hijo de Set, hijo de Adam, hijo de Dios".

(Biblia de Jerusalén: Lucas Cap.3 vs. 23-38).

Cuando contamos una por una las generaciones antes mencionadas vamos a tener un total de 76 generaciones que anteceden a Jesús que multiplicadas por 40 años cada una daría un total de 3,040 años. Si a esto le sumamos 2013 que son los años transcurridos después de Cristo, el resultado seria 5,052 años. Si tomamos literalmente este relato tendríamos que admitir, que tanto el origen del universo como el origen del hombre son prácticamente recientes. La realidad es, que ni el relato de la creación ni los relatos de los evangelios de San Lucas y San Mateo sobre la genealogía de Jesús concuerdan con los orígenes. Sabemos que existieron culturas de las cuales nunca se ha tenido información concreta que sobrepasan estas cifras.

Según parece, estos autores tenían muy pocas información sobre el pasado histórico y se limitaron a escribir lo que ellos así consideraron y quizás lo que decía las gentes sobre determinados acontecimientos y luego transmitieron eso como palabras reveladas.

No podemos auto negarle ni mucho menos auto ignorarle la verdad a nuestra propia inteligencia porque queramos o no el futuro se encargara de evidenciar.

Hay que reconocer que no es posible que el evento de la creación, tanto del Universo como del hombre y demás seres vivos ocurriera tal y como lo plantean los escritos Bíblicos y algunas otras teorías.

Existe otra Genealogía tratada por San Mateo en el cap. 1, 1-16 la cual solo abarca el periodo comprendido desde Abraham hasta Jesús que consta de 42 generaciones, la cual está expuesta con mayor claridad y nos acercar más a la realidad como tal. Lucas exagera un poco ya que señala 55 generaciones en ese mismo periodo. Además, incurre en varios errores los cuales trataremos más adelante en un próximo tratado de esta obra.

GENEALOGIA DE JESUS SEGÚN S. MATEO
(Cap. 1, 1-16)

"Abraham engendró a Isaac, Isaac engendró a Jacob, Jacob engendró a Judá y a sus hermanos, Judá engendró, de Tamar, a Fares y a Zara, Fares engendró a Esrom, Esrom engendró a Aram, Aram engendró a Aminadab, Aminadab engendró a Naassón, Naassón engendró a Samón, Salmón engendró, de Rajab, a Booz, Booz, e3ngendró, de Rut, a Obed, Obed engendró a José, Jose engendró al rey David. David engendró, de la que fue mujer de Urias, a

Salomón, Salomón engendró a Roboam, Roboam engendró a Abia, Abia engendró a Asaf, Asaf engendró a Josafat, Josafat engendró a Joram, Joram engendró a Ozias, Ozias engendró Joatam, Joatam engendró a Asaz, Acaz engendró a Ezequías, Ezequías engendró a Manasés, Manasés engendró a Amón, Amón engendró a Josías Josías engendró a Jeconías y a sus hermanos, Jaconías engendró a Salatiel, Salatiel engendró a Zorobabel, Zorobabel engendró a Abiud, Abiud engendró a Eliakim, Eliakim engendró a Azor, Azor engendró a Sadoq, Sadoq engendró a Aquim, Aquim engendró a Eliud, Eliud engendró a Eleazar, Eleazar engendró a Mattán, Mattán engendró a Jacob, Jacob engendró José, el esposo de María, de quien nació Jesús, llamado Cristo."

Mi pregunta es, ¿Por qué, si Jesús no era hijo de José se hace la genealogía con José y no con María su madre?

Es muy posible que algún día se descubra toda la verdad sobre el origen del hombre en la tierra, pero jamás se podrá determinar el origen del Universo ni mucho menos el origen de la vida puesto que, ninguna inteligencia existente en el universo podrá tener la capacidad de traspasar los límites del infinito para llegar a sus propios orígenes.

DESCENDENCIA LÓGICA

INDICE-TRATADO

No. II

EL ORIGEN SEGÚN LAS CIENCIAS

II

EL ORIGEN SEGÚN LA CIENCIA

TEORIA DEL BIG BANG

Según la teoría del Big Bang, (gran estallido) "es el momento en que emerge toda la materia, es decir, el Origen del Universo. La materia hasta este momento, es un punto de densidad infinita que en un momento dado explota generando la expansión de la materia en todas las direcciones y creando lo que conocemos como nuestro Universo."

De la nada no puede surgir nada. No es posible que la nada sea capaz de crear la materia y auto crearse a sí misma.

Parece que se le olvidó a los teóricos del Big Bang, que los elementos que intervinieron como materia para que sucediera tal evento, más el espacio donde se encontraban tales elementos, más la energía que actuó como detonante, no se podían auto crear, sino que detrás de todo esto tenía que existir una fuerza que le diera origen y movimiento a todos estos elementos.

Yo me pregunto: ¿dónde apareció tanta materia, tanto espacio, tanto movimiento y tanta energía? Pudo no existir nada, pero existe todo.

El Universo todo, es vitalidad y en algún lugar se originó la semilla de la vida en diferentes formas y manifestaciones. Todo no puede ser obra de la nada auto creando el Universo y su inmensidad y lo que en él existe. Ni siquiera lo más mínimo pudo auto crearse.

Si aceptamos el principio del auto creación estamos negando al propio creador y por consiguiente a nosotros mismos como seres supremos en el ordenamiento de la creación. Jamás podremos negar la posibilidad de una fuerza creadora y al mismo tiempo ordenadora de todos elementos que constituyen el conjunto universal.

En honor a la verdad, si aceptamos la teoría del Big Bang tenemos que admitir que todos los demás planetas y galaxias que están constituidos por las mismas materias y los mismos elementos, al igual que la tierra, poseen también las mismas posibilidades de tener todo tipo de diversidad de vida.

LA VIDA ANTES DE LOS DINOSAURIOS

Según los teóricos de la evolución, "hace 3.000 millones de años la vida animal estaba circunscrita al agua. Los primeros seres vivos de la Tierra fueron organismos unicelulares muy simples. Había baterías, protozoos, esporozoos, algas cianofieas, etc. Luego aparecieron animales pluricelulares simples a los cuales se llama vendo zoos; estos seres ediacaricos evolucionaron a las raras formas de vida del periodo Cámbrico, ya completamente pluricelular. Millones de años después el oxígeno disuelto en el agua alcanzo una concentración suficiente como para que formas más avanzadas como trilobites, ammonites, peces y euripteridos se hicieran muy abundantes. A mediados del Silúrico ya había plantas vasculares pero sin hojas ni flores como Cook Sonia. También hubo insectos y miriápodos, los cuales fueron los primeros animales en adaptarse a la tierra. Ya en el Devónico, se diversificaron los peces placodermos, y otros como Eusthenopteron evolucionaron a los primeros anfibios. Unos millones de años después de la extinción del Devónico ya existían bosques espesos en los que habitaban arañas y libélulas gigantes; fue en este escenario donde los primeros reptiles hicieron su aparición. Después del periodo Carbonífero estos se expandieron ampliamente y evolucionaron muchos nuevos grupos, entre los que estaban los ornitodiros y los anteriormente llamados tecodontos, que después de la gran extinción del Pérmico dieron origen a los dinosaurios". (Wikipedia, la enciclopedia libre. Pag. 14-15).

Solo tomamos esta nota como punto de referencia en la cual los científicos fundamentan su teoría tanto del origen y luego de la evolución. Esto es solo un postulado, no una verdad demostrable sobre el origen de la vida ni mucho menos del hombre y su evolución si fue que la hubo. Realmente no creo que pudo ser así.

DECODIFICACION DE LA EVOLUCION

Según la teoría de la evolución de las especies planteada por Charles Darwin, primero surgen las meras manifestaciones de vida y luego comienza el proceso de evolución hasta llegar al grado de diversificación o multiplicación de especies diferentes a través del tiempo.

"Hace aproximadamente cuatro mil millones de años surgieron las primeras manifestaciones de vida a través de células rudimentarias. Hace alrededor de setecientos millones de años aparecieron los organismos pluricelulares. Los invertebrados surgieron hace casi seiscientos millones de años y los peces, primeros vertebrados, lo hicieron hace 450 millones de años. La flora tuvo origen hace ciento cincuenta millones de años.

Así los peces se adaptaron a la vida acuática, los animales terrestres a la vida en ese medio, y lo mismo hicieron los que vuelan. Pero el ambiente cambia, y estos seres vivos deben adaptarse a esas mutaciones.

No hay dos individuos idénticos. Las diferencias surgen entre grupos, en ocasiones, por razones geográficas, ya que las particularidades del medio hacen que adopten ciertas características peculiares, y a veces existen tantas diferencias entre unas y otras, que se hace imposible entre ellas, la reproducción. Llegado a este punto hablamos que ya constituyen especies diferentes.

Según esta teoría el grupo de los Homo Sapiens (el hombre) surgió del grupo de los homínidos, que a su vez derivo de los primates, que sufrieron esa magnífica transformación para tomar la posición erecta, los cambios dentales y sobre todo, el desarrollo encefálico.

Esta corriente afirma que la evolución se produce sobre una base genética, y los cambios se producen en la estructura de los genes, por obra de la adaptación que exige el medio al variar. No solo actuaria sobre ellos la selección natural sino además otros factores, como la deriva genética, la migración o el flujo genético. Grupos de individuos ubicados en ambientes distintos, con diferentes requerimientos adaptativos, darán origen a evoluciones distintas. Mientras que paleontólogos norteamericanos han formulado la teoría del equilibrio puntuado, donde sostienen que el ritmo evolutivo no es constante." (Http: // www.laguia2000.com)

No es posible que la multiplicidad de especies existentes tenga como tronco común simples micro-organismos rudimentarios, ni siquiera organismos pluricelulares como realmente afirman algunos científicos. No es posible que tanta diversidad de especies hayan evolucionado simplemente a partir de una micro-vida, no importa los miles de millones de años que uno pueda imaginarse. Hay que trabajar más con la razón y la lógica.

No pretendo negar de manera total el tratado de la evolución de las especies, pero sí dejar bien claro, que admito que ésta solo es posible a nivel circular no lineal, es decir, que solo existe la posibilidad de que una especie determinada sufra algunos cambios biológicos dando como resultado ciertas diferenciación en los individuos de la misma especie, pero nunca convirtiéndose en especie diferente. Ejemplo: el perro, como especie particular se pueden observar múltiples variedades sin que este pierda la identidad como especie. No se puede decir que nadie ha visto un perro gato o un perro mono. Cada especie mantiene su identidad como tal, solo se da el movimiento circular. Esto puede ocurrir por diferentes razones; por la presión del medioambiente donde el individuo está en la necesidad de adaptarse a determinadas circunstancias las cuales podrían modificar ciertos comportamientos y generar ciertos cambios biológicos en determinada especie. Por otra parte, el cruce de dos individuos de la misma especie pero diferentes, genera un tercero con características a un más diferenciadas, y de aquí el que una especie determinada se diversifique pero sin salir del circulo de su especie. Ejemplo: el cruce de un asno y una yegua da como resultado un tercer llamado sémino. Este tiene características diferentes pero no constituye una especie en particular.

Si aceptamos la evolución lineal como el hecho que originó al hombre, tendríamos que admitir que es el momento más extraordinario de la evolución ya que todas las demás especies incluyendo al mono (el cual suponen los científicos), podría ser nuestro origen, pero que aún se quedaron en su estado original.

Por otra parte, se supone que la evolución debió ser completa tanto a nivel biológico como a nivel del desarrollo de la inteligencia, por lo que las especies más cercanas al hombre debieron tener niveles diferentes de inteligencia y no tener todos los mismos comportamientos y los mismos instintos donde su único fin es alimentarse, dormir y reproducirse, es decir, la preservación de la vida.

Si observamos y analizamos profundamente la evolución de las especies como lo plantean sus exponentes, tendremos que concluir, que la especie humana es la especie menos evolucionada ya que es la menos diversificada si la comparamos con los demás especies.

Si aceptamos la evolución en el sentido lineal tal y como lo plantea la teoría de la evolución, tendremos que preguntar, por qué no desaparecieron las especies que dieron origen al hombre?. Es lógico que si una especie da origen a otra especie más fuerte la anterior debe desaparecer ya que las mismas causas que dan origen a una nueva especie también deben ser las mismas causas para la desaparición de la anterior. Se supone que la nueva especie surgió porque la especie anterior ya no resistía y se vio forzada a transformarse en una especie más fuerte y resistente para adaptarse a determinadas circunstancias.

De acuerdo a los criterios de la teoría de la evolución, la especie humana ya debiera de estarse preparando para dar origen a una nueva especie de seres diferentes lo cual sería infinitamente superior a la raza humana, mientras que los humanos no cambiaremos ni biológica ni inteligentemente, nos pasaría como al mono que siguió siendo mono. Esa nueva especie será una especie infinitamente superior, casi como dioses. Si esto no ocurre no se puede considerar la evolución como un acontecimiento real, y en segundo lugar, si hubo evolución hasta llegar a la especie humana, significa que la evolución llegó a su perfección y esto no puede ser pues ya no sería evolución. Quiero reiterar que el ser humano siempre ha sido una creatura perfecta desde antes de aparecer en la tierra, por lo que consideramos, que la propuesta sobre la evolución lineal no es más que un mito en la mente de alguien que se dedicó durante un tiempo a observar distintas variedades de focas, tortugas y pinzones (en las Islas Galápagos), y a partir de dicha observación terminó afirmando que el ser humano es el resultado de un proceso evolutivo.

Cuando se habla de evolución hay que admitir, que no existe otra cosa dentro de tal proceso que no sea transformación biológica limitada, la cual salo afecta algunos aspectos del individuo lo que lleva a la diversificación de la especie dependiendo de algunos factores que ejercen determinada presión en cada especie, que quiérase o no, obligan a ciertos cambios en el desarrollo biológico. Es un proceso parcial, natural y vital para la auto conservación de la misma especie, pero nunca una transformación total donde el individuo se tenga que convertirse en una nueva especie.

Las especies aunque se diversifiquen permanecen en su grupo original manteniendo su singularidad como tal; para ilustrar esta afirmación me voy a permitir señalar algunos grupos de especies, su invariabilidad y permanencia, pero sí la multiplicidad interna a lo que llamo, transformación circular. Por ejemplo, el perro y su múltiples variedades, las aves y su múltiples variedades, el mono y las distintas variedades y así sucesivamente. Cada especie es única en su género, ni siquiera sus miembros se parecen a los miembros de otra especie. Por ejemplo, Un perro jamás se ha parecido a un elefante, ni a un gato, ni a un pez, ni a un ave, ni a un dinosaurio, ni a un caballo, etc.

En el supuesto caso de que aceptásemos la teoría de la evolución tal como se plantea, tendríamos que admitir que el ser humano tuvo que esperar miles de millones de años para llegar a la categoría de ser lo que es, pasando primero por un sinnúmero de especies diferentes hasta alcanzar la categoría humana, y esto no puede ser posible ya que si partimos de la Era de los Dinosaurios la cual según se cree, hace aproximadamente unos 40 millones de años de tal acontecimiento y ese periodo de tiempo no sería suficiente para todo el proceso de la evolución hasta llegar a la especie humana.

Se olvidaron los evolucionistas que la especie humana es la única especie capaz de crearse sus propias necesidades y por tanto, debió estar provista de Alas para volar ya que una de sus mayores necesidades ha sido siempre la emigración. Debió además, estar cubierta de plumas o pelos para protegerse de las inclemencias del tiempo. Debió estar provista de branquias para aprovechar con más eficiencia los recursos de los océanos. Además, debió estar provista de garras y colmillos afilados para alimentarse de carnes crudas, de frutas y vegetales y defenderse de las demás bestias salvajes. Debió estar provista de algún repelente o veneno para protegerse de las polillas y los insectos propios de las selvas.

En conclusión, proponemos a la comunidad científica que se profundice aún más sobre el tema del origen del hombre en la tierra, ya que por razones lógicas, no es posible que la especie humana sea ni directa ni indirectamente descendencia del mono ni de ningún otro animal. La especie humana es infinitamente distinta a todas las demás especies. No somos un simple milagro de la evolución. Somos humanos plantados en la tierra desde el principio sin que pasásemos por ningún proceso evolutivo, ni biológico ni intelectual. Es esa una verdad categórica.

DESCENDENCIA LÓGICA

INDICE-TRATADO

No. III

DECODIFICACIÓN DEL ORIGEN DE LAS RAZAS

III

DECODIFICACIÓN DEL ORIGEN DE LAS RAZAS

Origen de Caín y Adán

Suponiendo que la existencia de estos personajes fue real, tendríamos que partir de la premisa; que ambos personajes eran seres extraterrenales que vinieron a la tierra en una misión de conquista de la humanidad ya existente. Pudo haber aquí una batalla interplanetaria entre Caín y Adán en la que Caín derrota a Adán y a su ejército en la cual Abel resulta muerto, quizás Abel era el principal comandante del bando de Adán y esto desmoraliza a Adán, que no le queda otra alternativa que refugiarse en las montañas lejos del pueblo o raza conquistada por Caín. Allá en las montañas, Adán encuentra una raza posiblemente salvaje la cual constituye en su linaje. Adán es un hombre sumamente inteligente y habilidoso, lo primero que él hace es, ponerse en las mismas condiciones de aquellas gentes, confundiéndose entre ellos. Se desnuda y se convierte en uno más.

Adán no fue creado en la tierra, ni Eva fue sacada de sus costillas, ni Caín y Abel eran sus hijos como está escrito. Adán al igual que Caín era un conquistador que fue enviado a la tierra con la misión de instruir a la humanidad bajo los intereses del mundo que lo envió.

Tanto Caín como Adán venían de mundos diferentes aunque con la misma misión. Ambos coincidieron en los objetivos y es entonces cuando se da el posible enfrentamiento interplanetario entre dicho personajes siendo Adán prácticamente derrotado por Caín.

Hay que considerar un dato muy importante, Caín toma la parte de la humanidad más civilizada, con un cierto nivel de desarrollo, tanto así, que quien fuere que redactare el relato sobre Caín y su linaje no pudo ignorar algunos de los méritos y logros de este conquistador. No pudo ignorar ni dejar de reconocer sus aportes en la construcción, en la minería, en la ganadería y en las artes musicales. Es probable que a Caín no se le reconocieran muchas más obras, quizás de mayor importancia con el fin de minimizar su figura.

Por lo que sabemos, tanto a Caín como a su descendencia se le ha ignorado hasta la edad, no así a Adán y a su descendencia. No podemos negar lo importante que es el tiempo para la historia de alguien. Quien no tiene edad no tiene historia

Descendencia de Caín

"Conoció Caín a su mujer, la cual concibió y dio a luz a Henoc. Estaba construyendo una ciudad, y la llamó Henoc, como el nombre de su hijo.

A Henoc le nació Irad, e Irad engendró a Mejuyael, Mejuyael engendró a Metusael, y Metusael engendró a Lamec, Lamec tomo dos mujeres: la primera llamada Ada, y la segunda Sil-la. Ada dio a luz a Yabal, el cual vino hacer padre de los que habitan en tiendas y crían ganado. El nombre de su hermano era Yubal, padre de cuantos tocan las citaras y las flautas.

Sil-la por su parte engendró a Tubal Caín, padre de todos los forjadores de cobre y hierro. Hermana de Tubal Caín fue Naama. (Gen.4, 17-22)."

Caín hizo lo que realmente hace todo filántropo, olvidarse de sí y preocuparse por el bien de los demás. Caín viene con un programa de desarrollo y lo pone en práctica. Su principal prioridad es el bien de la humanidad. No le importó llevar o no un calendario sobre los años que iban a vivir tanto él como sus descendientes, solo le importó llevar a cabo su plan de desarrollo y mejoramiento social. Nunca trató de interferir en los asuntos particulares de Adán, su raza y su territorio, mientras que Adán y su linaje sí que trataron en dos ocasiones de invadir a Caín, a su linaje (o raza) y a su territorio por lo que se estuvieron que firmar una serie de tratados de no agresión contra Caín y su linaje. El primer tratado dice así: "quien quiera que matare a Caín, lo pagara siete veces" (Gen. 4,15). El segundo tratado va a hacer con Lamek, descendiente cercano de Caín. Lamek por lo que parece, hizo sentir su fuerza y su poder ante Adán y su descendencia y lo obliga a comprometerse de nuevo con un tratado mucho más amplio que dice: Caín será vengado siete veces, (ratificación del tratado anterior) "más Lamek lo será setenta y siete) Gen. 4,24.

Por otra parte, cuando analizamos el relato de la descendencia (o raza) de Adán, cada uno de sus descendientes aparece con la cantidad de años que vivió, es decir, una edad específica, e inclusive, el mismo Adán aparece con una edad de (930) novecientos treinta años y así sucesivamente. El de menor edad fue Henoc, el cual "no murió por que Dios se lo llevó" a los 375 años según el relato. Y que coincidencia, que tanto Adán como Caín tuvieron dos descendientes cada uno con los mismos nombres: Henoc y Lamek.

Si observamos detenidamente el verso 22 del relato de Caín, podríamos darnos cuenta de la confusión que se trata de crear al final del relato en cuanto al personaje de Caín. Es una confusión planificada de manera intencional, y dice así: "Sil-la por su parte engendró a Tubal Caín, padre de todos los forjadores de cobre y hierro. Hermana de Tubal Caín fue Naama". Gen. 4,22. Es una pena que se trate de ocultar la verdad sencillamente creando confusión.

Veamos un poco las coincidencias de estos descendientes: Henoc el de Caín, en su honor Caín construye su primera ciudad. Henoc el descendiente de Adán se lo llevo Dios. Lamek descendiente de Caín, obliga a la descendencia de Adán a firmar tratados de no agresión. Lamek descendiente de Adán es el padre de Noé el protagonista del diluvio. Este Lamek debió ser el protagonista del diluvio, no Noé, así se podía minimizar más la imagen de Caín y su descendencia.

DESCENDENCIA DE ADÁN HASTA NOÉ.

Adán vivió (930) novecientos treinta años Set- (912) novecientos doce años Enos- (905) novecientos cinco años Qeenan- (910) novecientos diez años Mahalalel- (895) ochocientos noventa y cinco años Yered-(972) novecientos setenta y dos años Henoc- (375) trecientos sesenta y cinco años Matusalen- (979) novecientos setenta y nueve años Lamek- (777) setecientos setenta y siete años Noe- (950) novecientos cincuenta años Gen. 5,132-9,29.

Estos diez personajes viven un total de (8605) ocho mil seiscientos cinco años. Primer periodo después de Caín y Adán.

Porqué en el relato de Caín y su descendencia no se hizo contar lo pocos o muchos años que estos también vivieron?

Porqué en el relato de Adán no se hace notar, qué le ofreciera el propio Adán a su pueblo como lo hiciera Caín con el suyo.?

Cómo se pudo saber con tantas exactitud los años que vivió Adán y su descendientes? Pues, lo más probable es que en el supuesto jardín del edén no existía registro para llevar tales anotaciones.

Porqué ningún relato señala el año en que inició la humanidad, o por lo menos, el año en que tanto Caín como Adán llegaron a la tierra.?

Si Adán vivió novecientos treinta años, en qué año nació y en qué año murió?

No sería que tanto Caín como Adán no elaboraron un calendario luego de su llegada a la tierra, con el fin de que la humanidad perdiera la noción del tiempo, o no lo hicieron porque al llegar a la tierra se encontraron con un sistema de tiempo totalmente diferente al sistema de tiempo conocido por ellos en su mundo de dónde venían?

Solo en el relato sobre Adán y su descendencia aparecen sus edades, o sea, fracciones de tiempo, no tiempo continuo, de modo que no hay manera de medir el tiempo en que inició la humanidad ya que dichas edades no son confiables.

No es extraño el que se hable de Caín y su linaje como una civilización con la capacidad de construir ciudades, expertos en minería, instruidos en la música y criadores de ganados?

El linaje de Adán era diferente al linaje de Caín, ya que según el Génesis la descendencia de Adán comenzó con su hijo Set engendrado a imagen y semejanza de su padre Adán.

En cuanto a lo que se refiere al origen tanto del hombre como de las razas hay que tomar muy en cuenta a los llamados "hijos de Dios" que vienen a la tierra y se reproducen "con las hijas de los hombres." No se sabe si estos seres extraterrenales solo se mesclaron con una sola raza, la de Caín, o lo hicieron con las diferentes razas existentes en la tierra.

Tanto Adán como Caín vinieron a la tierra después que la humanidad había crecido y alcanzado un cierto nivel de desarrollo. Es lo que se demuestra en el relato de Caín.

Entre Caín y Adán se va a efectuar una batalla por el control de la humanidad. Caín logra conquistar la raza que tenía mayor nivel de desarrollo y la adopta como su linaje, Mientras que Adán tiene que irse a las montañas a convivir con la raza que aún todavía habitaba en las selvas, (jardín del Edén). Adán y su linaje no construyen ciudades como lo hiciera Caín, ni fabricaron cobre y hierro, ni poseían ganados, ni fabricaban ni tocaban instrumentos musicales. Caín fue el conquistador de una de las razas más civilizadas hasta ese momento según lo que parece.

Es muy probable que cuando Caín y Adán vinieron a la tierra hacía ya decenas de miles de años que existía la humanidad en sus diversas razas. Como podemos ver; el linaje conquistado por Caín, el linaje que habitaba en las montañas adoptado por Adán, y los "Nefilim que existían en ese entonces y también después." Es probable que en alguna otra parte del planeta existiera otra raza de humanos de la cual no se habla en este texto.

En cuanto a los hijos de los hijos de Dios y las hijas de los hombres, no se le puede considerar una raza como tal ya que estos supuestos "hijos de Dios" podían engendrar con las mujeres de su preferencia pero no significa que constituían una raza, sino más bien, que contribuyó a un mayor desarrollo de la humanidad especialmente en el desarrollo de la inteligencia, y es por eso que estos "fueron los héroes y los hombres famosos de la antigüedad."

Esto significa que hubo una ocasión en que la humanidad fue conquistada por seres extraterrenales, al tiempo que nuestras mujeres fueron fecundadas por esos seres, de manera, que creamos o no, somos descendencia extraterrestre. Es precisamente a esa humanidad que Caín le construye una ciudad, y es de esa humanidad que Caín escoge a su mujer y se casa y forma una familia.

El asunto consiste en que es a esa humanidad que vienen los hijos de Dios a tener hijos con las hijas de los hombres. Estas mujeres provenían de una raza exclusiva, tan exclusiva que atraían de manera extraordinaria a los supuestos hijos de Dios los cuales se unían a ellas y ellas le daban hijos. Es muy probable que estas mujeres fueran del linaje de Caín. También es probable que estos llamados hijos de Dios no solo vinieran a unirse con las mujeres para procrear grandes hombres, sino, que también asistían a Caín y a su linaje en algunas áreas de desarrollo y perfeccionamiento de la raza o linaje.

Por otra parte están Los Nefilim de los cuales solo se hace mínimamente mención. Pueda que esta fueran una raza considerada de segunda categoría, y es por eso que esta es la única referencia que se hace sobre ellos. "Los Nefilim ya existían en la tierra y también después". No se hace mención de quienes fueron, que hacían y de dónde venían. Por lo que parece, esta fue una raza que en el momento estuvo discriminada o marginada por la demás razas.

A los hombres llamados "hijos de Dios" parece que se les consideró seres superiores ya que las mujeres les daban hijos a ellos en vez de ser ellos que le dieran hijos a las mujeres, pues ellos se iban y las mujeres se quedaban. No sería ésta la primera fusión de humanos de la tierra con humanos extraterrestres? Los supuestos "hijos de Dios" eran seres extraterrenales que tenían la capacidad de engendrar seres de carne y huesos como los humanos. Eran humanos que venían del espacio y se le consideró entidades celestiales. Las gentes los veía bajar y luego ascender.

Hijos de Dios, hijas de los hombres

"Cuando la humanidad comenzó a multiplicarse sobre el haz de la tierra le nacieron hijas, vieron los hijos de Dios que las hijas de los hombres les venían bien, y tomaron por mujeres a las que preferían de entre todas ellas. Entonces dijo Yahveh: no permanecerá para siempre mi espíritu en el hombre, porque no es más que carne; que sus días sean cientos veinte años. Los Nefilim existían en la tierra por aquel entonces (y también después). Cuando los hijo de Dios se unían a las hijas de los hombres y ellas les daban hijos: esto fueron los héroes de la antigüedad, hombres famosos." Gen. 6, 1-4.

Hay que destacar que el linaje o raza conquistada por Caín era mucho más avanzada que el linaje de Adán puesto que estaba instruida en las técnicas de construcción, en las técnicas de minería, en las técnicas de elaboración de instrumentos musicales y en las técnicas agrícolas y ganadera. Fabricaban sus propias tiendas. Luego Caín le construye una ciudad la cual le pone el nombre de su primer hijo Honoc.

No podemos ignorar que este pueblo conquistado por Caín constituía una raza la cual tenía mucho tiempo que había sido plantada en la tierra, quizás decenas o cientos de miles de años antes que Caín viniera a la tierra.

Por otra parte está Adán que se refugia en las montañas (jardín del Edén) y constituye su linaje y su descendencia con los humanos que vivían en la selva. Se ve en la necesidad de adaptarse a esa realidad; vivir desnudo como ellos, alimentarse como ellos con vegetales y frutas (fruta prohibida) y lidiar con los animales salvajes y fieras voraces como la famosa serpiente. De entre ellos tomo una como su mujer "Eva" a la cual termina culpándola por haberlo seducido. Adán en su proceso de adaptación a la selva enfrentó grandes problemas, e incluso con su identidad y conducta emocional, de ahí la frase que se pone en su boca que dice: "Esta vez sí que es hueso de mis huesos y carne de mi carne" Gen. 2, 23. La frase correcta debió ser, esta es hueso de mis huesos y carne de mi carne, pues, la frase anterior se presta a confusión. "Esta vez sí que es ""o esta sí que es" significa que hubo otra u otras que no eran como Eva.

Por lo que hemos podido deducir en este análisis sobre el origen del hombre en la Biblia, Caín no fue un traidor, ni un criminal, ni siquiera un desobediente, sino más bien, un cumplidor de la misión que se le encomendó, que no fue otra, sino, conquistar la humanidad y ayudarla a elevar su nivel de desarrollo.

Caín fue un noble y audaz guerrero que libro la batalla más feroz realizada después que el planeta tierra fue re habitado por el hombre. Fue un hombre generoso. Le perdonó la vida a Adán y le permitió vivir en las montañas con la raza salvaje. Esta morada de Adán es conocida como el Jardín del Edén.

No podemos negar que Adán era un hombre muy astuto, inteligente y habilidoso. Su primera estrategia fue desnudarse para confundirse entre la raza de humanos salvajes que habitaba en la selva, logrando así su aceptación como uno más de ellos. Con "Eva" engendró a su primer hijo Set y más hijos e hijas.

Adán y su descendencia no logran construir ciudades, ni habitan en tiendas, ni tocan la citara ni la flauta, ni organizan ganados, ni elaboran cobre y hierro como lo hicieran Caín y su linaje o (Raza).

Adán instruye a su linaje allá en el (jardín del Edén). Durante el tiempo que vivió en las montañas tuvo que lidiar con todo tipo de animales y fieras salvajes, pero ninguno como la serpiente la cual catalogó de animal maldito, al verla como esta se movía, atrapaba sus presas, la trituraba y luego la tragaba. A partir de aquí se le considera a la serpiente como símbolo del mal, e incluso, Adán la culpa de ser la causante de que Eva lo sedujera.

La serpiente en sí, no representa el mal, es un animal como cualquier otro. Si Adán hubiese tenido que enfrentarse con el león y no con la serpiente lo hubiese catalogado como el espíritu del mal.

Adán, para auto justificarse siempre busca un culpable; primero acusa a Caín, posteriormente culpa a su mujer y luego a la serpiente. El trauma de la derrota le lleva siempre a buscar un culpable de sus propias fallas y debilidades. Adán encarna el espíritu de la justificación humana.

Por el contrario, Caín representa el valor y el coraje, el conocimiento y el desarrollo, el triunfo y la integridad, la civilización, las ciencias y las técnicas, el trabajo y la organización, el arte y la cultura. Por lo que parece, Caín se descuidó de la importancia de la historia y se dedicó a tiempo completo a instruir su linaje (o raza) con un programa de desarrollo general.

Adán le dedica más tiempo a instruir a su linaje (o raza) sobre la historia, pero contada a su modo, no tenía más nada que hacer en el jardín del Edén, de modo que su influencia fue tan contundente que las buenas acciones y el protagonismo de Caín no cuentan en la historia, ni si quiera su edad. A partir del relato contado de este modo, a Caín solo se le ve de manera negativa. Su nombre quedó manchado en la historia sin que nadie se apiade de él.

La historia muchas veces fabrica héroes o lo destruye de acuerdo a los intereses de quien la cuenta o la escribe. El que cuenta siempre cuenta su verdad. Caín nunca conto ni si quiera su propia historia, tal vez pensó que no hacía falta.

Los héroes nunca mueren, ni la verdad perece, sus logros y sus hazañas son eternos porque son como llama que no se apaga por inmensas que sean las tempestades. Todo héroe tarde o temprano es reconocido y reivindicado. Sus memorias se perpetúan en el tiempo aunque terminare la humanidad.

Estoy seguro que las memorias de Caín ya fueron recogidas y plasmadas en el registro de los inmortales más allá de este mundo, en su mundo, el mundo de donde vino. Allí están para toda la eternidad.

No es un secreto que los aportes de Caín en diversas áreas revolucionaron a la humanidad, como por ejemplo: en el área de la construcción, en el área de la ganadería, en el área de la minería y en el área de las artes musicales. Eso sería suficiente para que este mundo le rinda tributo póstumo y lo reconozca como: padre, precursor y artífice del inicio de la civilización y desarrollo de la humanidad. Este fue un hombre exitoso, conquistó y desarrolló su linaje o raza. Su obra aún perdura y perdurará para siempre.

Hay que reconocer que Caín no tuvo la necesidad de cubrir su vergüenza y su desnudes con una hoja, ni culpó nunca a su mujer ni a la serpiente de su derrota porque nunca fue derrotado, ni nunca estuvo desnudo, y nunca vivió en la selva. Siempre vistió el traje del honor y el triunfo. Le dio la gloria a su origen y a su linaje. Cumplió con honor su misión, aunque aquellos que escriben la historia nunca le reconozcan ni siquiera por bondad todos sus méritos, aunque eso no significa que no los tenga.

Quiérase o no, Caín tendrá que ser reconocido tarde o temprano por las futuras generaciones sensatas e inteligentes, por haber sido el primer científico y constructor que pisara el planeta tierra después de la desaparición de los Dinosaurios.

Anacronismos e Incoherencias

1- Dios crea el universo, la vida y al hombre desde el planeta tierra en menos de siete días, entonces existía la tierra.?
2- Adán vivió novecientos treinta años, pero no dice fecha de nacimiento ni fecha en que murió.
3- A Caín se le ignora, así como a su descendencia y a sus sobras.
4- La descendencia de Adán hasta Noé, todos menos uno, vivieron más de ochocientos años cada uno, aunque no se sabe cómo se llevó este registro.
5- No se explica cómo construyó Noé su Arca la cual medía aproximadamente el tamaño normal de un Barco comercial moderno según la descripción que se hace de esta. No

se sabe qué técnica y que herramientas utilizó para la construcción.

6- En las fechas de inicio y final del diluvio, no hubo cuarenta días como se establece, sino diez días.

7- No pudo suceder el acontecimiento de Babel a menos de cien años pasado el diluvio si solo existían, Noé, sus hijos, las esposas de sus hijos y sus nietos y quizás sus bisnietos.

8- Por lo que parece, el diluvio no tuvo repercusión universal ni siquiera regional.

9- Pueda que el relato del diluvio sea una manera de borrar cualquier otra versión de la historia, Ejemplo: terminó la humanidad, terminó la historia, así como Las Torres de Babel, Sodoma y Gomorra entre otros.

10- Qué tan bueno era Noé y su familia que merecieron tal privilegio. Y qué tan mala era el resto de la humanidad que mereció la muerte?

11- Porqué fue que Dios después de haber creado al hombre ("y vio que era bueno") luego se arrepiente de haberlo creado a penas pasadas las primeras 10 generaciones después de la creación Bíblica como si el hombre fuera la peor obra de sus manos?.

12- Cómo pudo ser posible que Dios no tomara en cuenta crear más mujeres para evitar que el hombre cometiera la aberración de procrear con sus propias parientes cercanas como; sus propias madres, sus hermanas o sus propias hijas. O, ¿dónde encontraron mujeres para procrear sus descendencias?

13- Si el Diluvio fue tan devastador, porqué creció tan rápido la humanidad si a penas existían Noé, sus tres hijos y las esposas de sus hijos cuando acaeció el acontecimiento de la Torre de Babel con el cual se dispersaron las distintas lenguas y las naciones y solo habían pasado unos cuantos años ya que Noé todavía estaba vivo y quizás Matusalén y su padre Lamek.

Los acontecimientos de mayor trascendencia narrados en el libro del Génesis como: La creación, el Diluvio Universal, La Torre de Babel y Sodoma y Gomorra, son realmente anacrónicos.

Las cronologías contenidas en el libro del Génesis deben ser analizadas por expertos en cronologías si es que los hay, con el fin de que se aclaren las dicotomías y anacronismos para despejar confusiones.

Para los antes pasados, el tiempo solo tenía importancia para personajes distinguidos, los demás no contaban, y parece que ni siquiera, el tiempo global o tiempo continuo tenían tanta importancia.

Después de estos acontecimientos encontramos la figura de Abram descendiente cercano de Noé y descendiente no muy lejano de Adán. Abram toma la decisión de salir hacia Egipto y allí se encuentra con una civilización súper avanzada la cual por lo que parece, nunca tuvo ni noticia sobre el diluvio ni mucho menos de lo acontecido en Babel.

En Egipto había un imperio con grandes palacios, ejército y faraón. No sería esta otra raza distinta a las que hemos señalado anteriormente y que ya había sido adiestrada por los Dioses antes que Caín y Adán llegaran al planeta tierra. O no sería que Egipto fue el centro de operaciones de los supuestos hijos Dios y desde allí se trasladaran a distintos puntos del planeta, especialmente a la tierra de Caín para asistirlo en sus planes de desarrollo y a poseer a las hijas de los hombres.?

Es muy probable que seamos el único planeta que esté habitado por seres humanos provenientes de diferentes planetas del universo cercano dado las características de las diferentes razas. Siendo así, es lógico que las razas fuero colonias plantadas en la tierra desde el principio, y por tanto, así pudo ser nuestro origen.

DESCENDENCIA LÓGICA

INDICE-TRATADO

No. IV

CODIFICACIÓN DEL TIEMPO

IV

CODIFICACIÓN DEL TIEMPO

Con el fin de demostrar nuestra teoría sobre el origen del hombre en la tierra, hemos hecho un recorrido por la historia Bíblica tratando de localizar tiempo continuo para de esa manera poder determinar el total de años aproximados del origen, pero para nuestra sorpresa, no hemos encontrado más que fracciones de tiempo en lo que fue el ciclo desde Caín y Adán hasta Abraham, luego un periodo de tiempo vacío desde Isaac hasta Jesús. Es en este segundo periodo en el que se fundan y consolidan las grandes monarquías y que aún no se tiene un registro sobre la continuidad del tiempo y de la historia a pesar de la importancia de esta Era.

A partir de Isaac, el hijo de Abraham, se produce inesperadamente un corte total del tiempo como si se tratara de una separación entre el tiempo y la humanidad. Me pregunto, porqué ocurre esto durante este periodo hasta Jesucristo, el hijo de María, Porqué se da este vacío de tiempo cuando menos debió darse?

En dicho periodo no encontramos ni siquiera fracciones importantes de tiempo cuando en realidad existieron personajes de extraordinaria relevancia como es el caso de Moisés, el Rey David, y el Rey Salomón, entre otros. Estos personajes solo aparecen con los años de actividad pública. Ejemplo; Moisés, 40 años en el desierto, el Rey David, 40 + 33 + 7 = 80 años de reinado. El Rey Salomón, 40 años de reinado, pero de ninguna manera se habla de los años que vivieron estos, tampoco aparece la edad de ninguna otra personalidad que haya vivido en ese largo periodo de tiempo.

Se hace un poco difícil encontrar el tiempo contable y continuo que realmente necesitamos para medir el tiempo que precisamente buscamos. Quizás haciendo un minucioso análisis de la genealogía de Jesús que nos presentan tanto San Mateo en el Cap. 1, 1-17, como San Lucas Cap. 3, 23-38.

LA HUMANIDAD
ANTES DEL TIEMPO CONTABLE

Para determinar el tiempo aproximado de nuestro origen tenemos que descifrar distintos periodos de tiempo transcurridos, tales como: tiempo fraccionado (a partir del principio), tiempo vacío posterior y tiempo continuo hasta nuestros días.

Para tales fines tenemos que considerar varias cosas que pudieron darse en el principio, especialmente, cuando Caín y Adam comienzan hacer presencia en la tierra:

Primero: Tanto Caín como Adán pueda que vinieran de mundos donde no existe el conteo del tiempo tal y como lo hacemos en la tierra, quizás sus planetas o mundos están iluminados por varios soles por lo que no existe la oscuridad y el día es continuo mientras que el tiempo no se mide por días, horas, semanas, meses, y Años como se mide en la tierra, sino que hay otra cronología del tiempo y otro estilo de vida.

Segundo: La humanidad que existía a la llegada tanto de Caín como de Adán era salvaje o semi-salvaje y tampoco le preocupaba el asunto del tiempo, en realidad esa no era su prioridad, su prioridad pudo haber sido la reproducción de la especie y la preservación de la vida.

Tercero: Por lo que parece, Adán y su descendencia se interesan en la medición del tiempo y lo hacen a través del personaje o descendiente principal en la generación, tanto así, que termina el personaje, termina el tiempo. Ejemplo: Adán engendró a Set que vivió 112 años.

Cuarto: Hay que considerar que el tiempo terrestre podría ser diferente al tiempo conocido por Caín y Adán, ya que en la tierra el tiempo esta esencialmente constituido por día y noche y eso es fundamental para la medida del tiempo. Quizás en otros mundos del universo no se dan las mismas condiciones puesto que nosotros solo tenemos un sol lo nos permite dividir el día en dos mitades, mitad luz, mitad oscuridad, la suma de ambas nos va a dar el día el cual al principio se medía, sol saliente o sol poniente.

Los humanos comienzan a re-habitar la tierra (colonias) sin tiempo definido. Es específicamente en este momento en que el ser humano comienza a descender en todo lo concerniente a sus habilidades y destrezas relacionadas con la inteligencia hasta alcanzar posiblemente el estado salvaje.

Desde Caín y Adán hasta Jesucristo se mide el tiempo en cuatro fracciones esenciales que son: día, mes, años y semana.

En el año segundo del éxodo en el Sinaí se instituye la semana que es otra fracción de tiempo de 7 días, Éxodo 23,12 y se le pone nombre al séptimo día (Sábado). Aquí se programa el tiempo con relación al sábado de la siguiente manera; tiempo para el trabajo, tiempo Para el descanso y tiempo para lo sagrado. Antes que se oficializara la semana con el Sábado como el séptimo día, y al mismo tiempo como día sagrado, existía otra fracción de tiempo más extensa que era el año Sabático, el cual consistía en trabajar la tierra durante seis años y el séptimo se dejaba descansar por un año.

Fracciones de tiempo:

1- Día - Noche
2- Día + Noche = sol naciente-sol poniente
3- Año
4- Mes

5-   Semana (7 días, ley del sábado)
6-   Años Sabático
7-   Medida larga de tiempo vivida por un personaje
8-   Tiempo continuo a partir de la era cristiana año 1ro al 2013
9-   Tiempo continuo fraccionado hasta la mínima expresión; segundo, minuto, hora, semana, mes y año. Esta fracciones mínimas de tiempo como: segundo, minuto y hora fueron creadas en el pasado reciente luego que se creara el reloj mecánico y luego el reloj digital.

Antes que se establecieran estas medidas de tiempo ya se tenía el reloj de sol que consistía en determinar ciertos periodos de tiempo, tal como el equinosio el cual tenía una gran trascendencia para los antiguos en la medición de las estaciones del año. Posteriormente se crea el reloj de arena que se usaba para medir periodos de tiempo aproximados, como un cuarto del día o de la noche, o un mediodía, o la media noche.

Existió también otra medida de tiempo la cual se aplicó a los años que viviera un personaje en particular en el primer ciclo. Veamos a continuación.

Medidas largas de tiempo fraccionado
Años que vivieron Adán y sus descendientes.

Adán.............. 930 años Gen. 5,5
Set .... 912 años Gen. 5,8
Enós .... 905 años Gen. 5,11
Quenán .... 910 años Gen. 5,14
Mahalalel......... 895 años Gen. 5,17
Yered.............. 972 años Gen. 5,20
Henoc.............. 375 años Gen, 5,23
Matusalen........ 979 años Gen. 5,27
Lamek.............. 777 años Gen. 5,31
Noé .... 950 años Gen. 9,29

Sem .... 600 años Gen. 11,10
Arpaksad .... 433años Gen. 11,12 –
Seláj .... 433años Gen. 11,14 – 1
Heber .... 460 años Gen. 11,16 –
Pelég .... 239años Gen. 11,18 – 1
Reú .... 239años Gen. 11,20 –
Serúg .... 230años Gen. 11,22 –
Najor .... 148años Gen. 11,24 – 2
Taráj .... 205años Gen. 11, 32
Abraham .... 175 años Gen. 25, 7
Isaac .... 180 años Gen. 26, 38

Total 11,947 años

Los años que supuestamente vivieron estos personajes realmente eran años normales de 365 días. Si tomamos sencillamente como ejemplo los años que vivió Adán nos damos cuenta que eran años normales, 365 días por 930, el resultado seria 339.450 días, esa cantidad la dividimos entre los 365 días de un año normal y el resultado va hacer 930 años, significa que el tiempo de duración de los año se estableció desde que Caín y Adán pisaron el planeta tierra, lo que no sabemos es, cómo se llevó el control de los días, de los meses y de los años de manera tan exacta desde el primer viviente de la historia Bíblica hasta Abraham. El tiempo solo contaba para el personaje principal dentro de la descendencia, los demás no contaban.

Si a los demás personajes subsiguientes desde Isaac hasta Jesús el hijo de María, esposa de José, le calculamos que vivieron generaciones de 44 años cada uno, tomando también en cuenta la genealogía planteada por San Mateo, 42 generaciones, nos daría un total de 1848. Luego le sumamos la llamada era cristiana 2013, más los años de los personajes de las primeras 21 generaciones, 11947 el resultado sería, 15808 años.

Si hacemos un análisis más real en la búsqueda del tiempo transcurrido desde el principio hasta nuestros días tendríamos resultados diferentes, solo considerando que estos personajes pudieron vivir 100 años promedio cada uno, concluiríamos que de Adán hasta Jesús hubieron 63 generaciones, que calculadas a 100 años por generación el resultado seria 6300 años, más 2013 =8,313.

Con este cálculo estaríamos reduciendo prácticamente a la mitad los años calculados en el primer planteamiento. Es todavía una cifra que está un poco elevada y que no se corresponde con el tiempo real del origen de la humanidad ni del Universo.

Si calculamos la cantidad de días que tenía el año, nos daremos cuenta que eran años normales que tenían las mismas cantidad de días que tiene un año actualmente, 365. Un personaje determinado vivió 930 años, eso equivale a 339450 días, si esa misma cantidad la dividimos entre los 365 días el resultado es, 930 años. Es decir, que estamos hablando de años normales o regulares. No es posible que una persona pueda soportar vivir casi mil años. Cualquier persona a los cien (100) años ha perdido más del cincuenta por ciento de sus habilidades, especialmente las habilidades motoras.

Tenemos que hacernos una gran pregunta: Cómo el redactor del libro del Génesis pudo determinar de manera tan exacta la cantidad de años que vivieron esos personajes desde Adán hasta Isaac, el hijo de Abraham? O sea, que todos los personajes del Linaje de Adán, 21 en total, vivieron 11947 años, el doble de lo que ha vivido la humanidad. Lo normal es que hayan vivido un promedio de 100 años cada uno, me parecería más creíble, de esa manera si podríamos hablar de 2100 años en vez de 11947. ¿No sería que el autor pensó que mientras más alta fuera la cantidad de años más se distanciaba el hecho de la creación y sería más creíble para las generaciones futuras? En el supuesto de que aceptásemos las edades planteadas en el libro del Génesis, más los años posteriores hasta nuestros días, no sería suficiente para demostrar el origen de la creación como tal.

Si hacemos un cálculo partiendo de la genealogía de Jesús plantea tanto por San Lucas como por San Mateo en la que le asignáremos 100 años por generación desde Adán hasta Jesucristo el hijo de María, esposa de José, tendremos el resultado siguiente:

Para el Evangelio de San Mateo, 63 generaciones. 63X100=6300 años. Para el Evangelio de San Lucas, 76 generaciones. 76X100=7600 años. Si a estas cantidades le sumamos los 2013 años después de Cristo el resultado sería el siguiente: Para S. Mateo 6300+2013=8313 años. Mientras que para S. Lucas sería aún más, 7600+2013=9613 años. A pesar de que San Mateo solo se refiere a la descendencia de Jesús desde Abraham hasta José.

En cuanto a la medición del tiempo hay que tener en cuenta dos cosas fundamentales:

Primero: tiempo continuo, que es aquel que se contabiliza a partir de cero y que tiene una continuidad de manera infinita y que conjuga todas las fracciones de tiempo posible desde la más mínima hasta la máxima unidad de tiempo como son; segundo, minuto, hora, día, semana, mes y año, aunque Esta es una modalidad reciente de contabilizar el tiempo.

Segundo: se trata del tiempo calculado en dos fracciones, una corta que es el día y otra larga que es el año. En la antigüedad se medía el tiempo a través del personaje más importante de la descendencia, por ejemplo; los días que vivió tal personaje fueron x cantidad de años lo que va a suponer una fracción o periodo de tiempo más largo. Termino x personaje, termino el tiempo y luego se inicia con el próximo descendiente.

A partir del año primero de la Era llamada Cristiana se fusionó a todas las fracciones de tiempo para dar como resultado un solo conjunto de tiempo, o sea, tiempo continuo – tiempo infinito donde el tiempo no se va a calcular a través de los años vivido por una persona, sino que el tiempo va a tener valor en sí mismo. Toda persona tendrá un tiempo real dentro del tiempo continuo e infinito. Así existe el tiempo sin depender de nadie y así todos los individuos cuentan en el tiempo.

La no medición del tiempo en el pasado antiguo no nos permite medir con exactitud en qué tiempo tiene el hombre su origen, pero si sabemos y estamos seguros que existía miles de años antes que Caín y Adán llegaran a la Tierra.

Cuando tratamos de determinar la cantidad de tiempo que tiene el hombre en la tierra usando como punto de apoyo los escritos Bíblicos nos encontramos con varias dificultades, tales como la alteración de las edades del primer ciclo, distorsión del segundo ciclo y los errores que aparecen, especialmente en el relato de San Lucas sobre la genealogía de Jesús.

ERRORES NOTABLES EN LA MEDICION DEl TIEMPO EN SAN LUCAS CAP. 3,23-38.

1= discrepancia en la lista de descendientes entre los dos principales autores de la Genealogía de Jesús; San Lucas y San Mateo.

2= Lucas hace repetición de nombres en la línea de descendientes.

3= diferentes cantidad de descendientes entre los dos autores S. Lucas55 generaciones desde Jesús hasta Abraham más 21 hasta Adán que en total serian 76, y S. Mateo. 42 de Jesús hasta Abraham. S. Mateo solo llega hasta Abraham.

4= S. Lucas tiende a alterar varios nombres con relacion al texto original del génesis.

5= S. Lucas hace un cambio radical en la lista de descendientes a partir del Rey David, no incluye al Rey Salomón ni a sus descendientes. Obsérvese en lo que corresponde solo a los descendientes en el Génesis.

6= Hijo de Mattat, hijo de Leví. Gen.3, 24. Hijo de Mattat, hijo de Leví. Gen.3, 29.

7= Cainán hijo de Arfaxad. Es Quenán y Arpaksad según está escrito en el Gen.

8= Quenán era hijo de Henós no de Arpaksad.

ALTERACIONES QUE ALTERAN EL TIEMPO

	S. Lucas	Génesis
9=	Tara	Taraj
10=	Ragau	Raú
11=	Falek	Peleg
12=	Eber	Héber

13=	Sala.................Selaj
14=	Arfaxad.........Arpaksad
15=	Jaret................Yered
16=	Cainan..........Quenán
17=	Malaleel.......Mahalalel.

18= S. Lucas se desvía de la descendencia cuando llega al Rey David. No se explica por qué no continúa con el Rey Salomón, hijo de David.

19= S. Lucas invierte el orden de la genealogía y comienza con Jesús hasta llegar a Adán.

Si Jesús no era hijo de José ¿por qué se sigue la descendencia de José y no la de María su madre?

Por otra parte, no sabemos porque no se llevó un registro de los grandes personajes a partir de Isaac el hijo de Abraham hasta Jesús el hijo de María. Sin embargo, desde Adán hasta Isaac si se hiso aun habiendo menos posibilidades técnicas, especialmente en lo que se refiere a escritura. A esta segunda etapa de la historia es lo que podríamos llamar tiempo vacío, ya que en este tiempo no se cuenta ni siquiera con fracciones de tiempo que sirvan para determinar lo que duro esa Era, pues, ni siquiera se le dio una edad a los personajes más importantes como Moisés, Rey David y el Rey Salomón. De estos personajes solo se habla de los años que ejercieron su función. Moisés 40 años en el desierto. El Rey David 40+33+7=80 años de reinado. El Rey Salomón, 40 años de reinado. Jesús 33 años de vida. Debieron ser 39 pues hay que sumarle 6 más ya que este nació 6 años antes de la Era cristiana. Esto no debió pasar ya que es en este periodo donde se fundan y consolidan las grandes Monarquías. Sin embargo, es la Era en que se hace más difícil encontrar el tiempo. Es lo que podríamos llamar; la Era de gran historia pero con tiempo neutral.

Dicha Era comprende el periodo desde Isaac hasta Jesús a la que San Mateo le asigna 42 generaciones y que nos hemos atrevido a asignarle 44 años por generación que sería igual a 1848 años, mientras que San Lucas le atribuye 55 generaciones, o sea, 13 más que S. Mateo. Si dividimos las 55 entre 1848 sería igual a 33.6 años por generación. En cuanto a S. Lucas hay que considerar los errores antes señalados.

Nos parece un poco extraño el que ninguno de los dos autores se interesan por el tiempo como algo básico para la historia. No sabemos por qué a partir de Isaac hasta Jesús nadie se interesa por la importancia del tiempo en la historia de la humanidad. Una historia sin un tiempo específico es prácticamente un hecho inexistente. Tiempo e historia constituyen una sola y única unidad. Aquí estamos hablando de 2000 o más años de historia que no pueden ser ignorados ni borrados porque son parte esencial en la definición de la identidad y origen de la humanidad. Hay que preguntarse con la seriedad y responsabilidad que amerita el tema en cuestión. ¿Cuál pudo ser la intención de asignarle tantos años a los personajes del grupo que componen las 21 primeras generaciones del libro del Génesis, y porqué nada a las generaciones siguientes hasta Jesús el hijo de María. No será que aquí se oculta una verdad la cual podría revelar la verdadera identidad y origen de la humanidad? Es una verdad irrefutable, que los seres humanos por el simple hecho de no tener noción del tiempo, tampoco tenemos noción del verdadero origen. De todas formas, continuaremos buscando tiempo el cual estamos seguros encontraremos, y para ello haremos otros análisis más minucioso el cual nos dará algún resultado aunque no sea totalmente el correcto en esta ocasión.

Primero: sumaremos la cantidad de años que vivieron cada uno de los personajes de las descendencias de Adán hasta Isaac.21 generaciones.

Segundo: sumaremos la cantidad de años asignados a las generaciones propuestas tanto por S. Mateo, 42 en total, así como S. Lucas, 55 desde Isaac hasta Jesús.

Tercero: a las dos anteriores le sumaremos los años correspondientes a la Era Cristiana y quizás obtengamos un resultado más aproximado al origen.

Resultados:

Génesis: 21 generaciones total de años 11947.

S. Mateo 42 X 44 = 1848 + 2013 + 11947 =15,808.

S. Lucas 55 X 33.5 = 1842.5 + 2013 +11947 =15,802.5

En las últimas dos páginas de la Biblia de Jerusalén hay una cronografía que dice: Hacia el 1850

Emigración de Abraham. Aquí comienza un descenso de los años hasta llegar al año 4, pero de repente cambia la metodología y comienzan a ascender. Este es otro corte a la historia. De nuevo se pierde la noción del tiempo y se confunde de nuevo el origen.

¿Por qué se estableció como punto de partida el 1850 con la Emigración de Abraham y desde aquí se comienza a contar en retroceso? Debió seguirse la secuencia de las generaciones del libro del Génesis. Estamos hablando de unos 2000 años de los cuales no se llevó registro como se hiso con las 21 generaciones anteriores. Es una Era de tiempo prácticamente vacío a pesar de que es la Era en que se fundan y consolidan las monarquías. Es la Era de MOISES, el más grande que ha pisado el Planeta después de la Era del REENCUENTRO que comenzó en el año 0 hasta Abraham. ¿Por qué no se llevó un registro y control del tiempo de la misma manera que se llevó en la Era anterior y en la Era posterior? La Era Cristiana. En esta Era no hay una medida del tiempo ni siquiera a través de los grandes personajes como Moisés, el Rey David, el Rey Salomón, Alejandro Magno y Herodes el Grande entre otros. En esta Era existieron también grandes Matemáticos Astrónomos y filósofos como Platón, Aristóteles y Sócrates entré otros, No sé por qué no se hace contar ni siquiera la edad de estos grandes personajes. Existieron, pero no sabemos en el tiempo exacto en que vivieron. Si la humanidad quisiera tener alguna duda sobre cualquiera de estos personajes, con toda libertad podría tenerla. Si quisiera creer que algunos de estos personajes era un humano enviado, podría creerlo. No olvidemos que estamos hablando de una Era de hombres de mucho poder y sabiduría. Qué raro que no haya registros de tiempo continuo, pero ni siquiera de fracciones de tiempo. De esto hablaremos más adelante.

En la Biblia de Jerusalén existe una especie de resumen cronológico el cual parece haber sido calculado a partir de la genealogía de Jesús (en el Evangelio de San Mateo Cap. 1,1-16) y que coincide con las 42 generaciones propuestas por el mismo evangelista, desde Abraham hasta Jesucristo, solo difiere con dos años. Al final de la Biblia aparece un dato interesante sobre una fecha clave la cual nos va a abrir un espacio en la búsqueda del tiempo, precisamente en este Ciclo al cual por varias razones le hemos llamado, tiempo vacío. Es esta, 1850. Es un dato el cual no tiene soporte suficiente ya que si sumamos los años de las 42 generaciones propuestas por Mateo, el resultado seria 1848, dos años menos. Ejemplo: 1850 entre 42 = 44 años por generación. Otro problema es que en esta cifra están incluidos; Abraham e Isaac que vivieron entre ambos 355 años y luego solo quedarían 1495 años lo que habría que dividir entre 40 y el resultado seria, 37 años por generación.

En esta ocasión no hemos tomado tanto en cuenta el relato de Lucas, sencillamente porque consideramos que en este existen muchos errores tanto en los nombres de los personajes como en la cantidad de descendientes.

Si calculásemos los tres Ciclo y le asignamos una cantidad de 100 años a cada generación, los resultados serían sorprendentes con relación a los resultados de los análisis que hemos hecho anteriormente, aunque 100 años es un poco exagerado, pero es una manera de hacer un esfuerzo más con el fin de acercarnos al objetivo específico y encontrar el tiempo real del origen. Aquí estamos hablando de 63 generaciones desde Adán hasta Jesucristo, el hijo de María. Veamos:

$$100 \times 63 = 6,300 + 2013 = \underline{8,313}$$

Aquí la cantidad de años bajó casi un cincuenta por ciento con relación al análisis anterior. Si dividimos esta cantidad entre los tres Ciclos tendríamos el siguiente resultado:

8,313 entre 3 = 2,771 años por Ciclo, esto significa que tendremos que seguir buscando el tiempo real.

He aquí otro análisis el cual nos acercará aún mucho más al objetivo y es el siguiente:

Si chequeamos el Génesis cap. 6, 3. ..." que sus días sean cientos veinte años." Aquí calcularemos las 21 primeras generaciones, más los 1850 años que supone el autor Bíblico cuando Abraham emigró a Egipto, más los 2013 de la Era Cristiana.

$$21 \times 120 = 2520 + 1850 + 2013 = \underline{6,383}$$

Si esta cantidad la dividimos entre los tres Ciclos correspondientes nos dará una proximidad aún más asombrosa.

$$6383 \text{ entre } 3 = \underline{2127} \text{ años por Ciclo.}$$

Cada vez nos acercamos más al tiempo total y absoluto del verdadero origen.

EL ORIGEN EN TIEMPO REAL.

Desde Caín y adán hasta nuestros días.
Génesis 5, 1- 32; 11, 10- 26

ERA DEL REENCUENTRO:

ADAN ....tenía130 años cuando engendró a SET.
SET....................tenía105 años cuando engendró a ENÓS.
ENÓS ....tenía90 años cuando engendró a QUENÁN
QUENAN ....tenía70 años cuando engendró a MAHALELEL
..........................tenía70 años cuando engendro a YERED
YERED ....tenía172 años cuando engendro a HENOC.
HENOC..............tenía75 años cuando engendro a MATUSALEN.
MATUSALEN ....tenía187 años cuando engendro a LAMEK.
LAMEK ....tenía182 años cuando engendro a NOÉ.
NOÉ ....tenía500 años cuando engendro a SEM.
SEM...................tenía100 años cuando engendro a ARPAKSAD.

ARPAKSAD........tenía35 años cuando engendro a SÉLAJ.
SÉLAJ ....tenía 30 años cuando engendro a HÉBER.
HÉBER...............tenía34 años cuando engendro PÉLEG.
PÉLEG ....tenía30 años cuando engendro a REÚ.
REÚ....................tenía32 años cuando engendro a SERÚG.
SERÚG...............tenía30 años cuando engendro a NAJOR.
NAJOR...............tenía29 años cuando engendro a TERAJ.
TERAJ ....tenía70 años cuando engendro a ABRAHAM.
............................tenía100 años cuando engendro a ISAAC.

Total 2071 años

Este Ciclo en vez de medir 11947, 8313 ó 2520 años como habíamos analizado anteriormente resulta que mide solamente 2071 años por lo que ahora sí que hemos encontrado la respuesta correcta, sencillamente calculando los años que tenían estos personajes cuando engendraron a sus propios descendientes.

Sin lugar a dudas, hemos descubierto un número mágico el cual parece ocultaba un enigma que no daba paso al encuentro con el verdadero origen. Ahora sí que podemos hablar de tiempo contable y continuo lo que le permitirá a la humanidad asumir su verdadera identidad como seres descendientes de otros universos.

GRANDES CICLOS
Tiempo continúo

Vayamos ahora al análisis concreto del tiempo real de acuerdo a la medición del tiempo por cada siclo.

Primero: ERA O CICLO DEL SALVAJISMO Y LA
                REPRODUCION
Este ciclo comienza desde el principio desconocido hasta CAIN Y ADAN. Año 0—año X.

Segundo: ERA O CICLO DEL REENCUNTRO.
Este ciclo se inicia con CAIN Y ADAN hasta ABRAHAM y su
duración va a ser desde 0 hasta 2071 años.(0—2071).

Tercero: ERA O CICLO DE LAS MONARQUIAS.
Esta tercera etapa de la humanidad comienza desde ISAAC HASTA
JESUCRISTO que va a tener un periodo de duración de 2028
años. (2071 +2028=4099).

Cuarto: ERA O CICLO CRISTIANO
Este cuarto periodo va a transcurrir desde el inicio de la vida de
JESUCRISTO EN EL 4099 HASTA el 1901, es decir, desde el
4099 al 2013. LO CUAL SERIAN (6112) años desde el inicio
hasta nuestros días.

Quinto: ERA O CICLO DEL CONOCIMIENTO
CIENTIFICO Y TECNOLOGICO.
Este CICLO va a tener sus inicios en 1901 ya que en ese año se
cumplen exactamente 6000 años después del REENCUENTRO
DE LA HUMANIDAD EL CUAL SE DA CON CAIN Y ADAN.
Son además TRES CICLOS de 2000 años justos cada uno, más 112
años que corresponden al nuevo CICLO DEL CONOCIMIENTO
CIENTIFICO Y TECNOLOGICO.

Si sumamos los tres últimos periodos de tiempo vamos a tener
6112 años después de CAIN Y ADAN.

Al contabilizar el tiempo hemos hecho un gran esfuerzo por
descubrir si por lo menos, aunque fuera uno de los Ciclos anteriores
comenzaba con el año uno, pero realmente no fue posible encontrar
ningún tipo de información al respecto. Cada ciclo comienza
y termina de manera muy confusa. Hay mucho vacío y no hay
continuidad del tiempo como tal, ni siquiera el Ciclo de la Era
Cristiana presenta el orden y la regularidad que debiera. No hay
definición del principio ni finalización del Ciclo. Es decir, que el
Ciclo de la Era Cristiana debió terminar en el 1901, sin embargo

han transcurrido 112 años los cuales corresponden a un nuevo Ciclo.

Somos una humanidad sin una cronología que defina nuestro origen y que nos dé identidad histórica. No sabemos si habrá algún registro guardado relacionado al tiempo continuo, pero si lo hay no lo conocemos.

Saben que cuando se pierde la noción del tiempo también se pierde el sentido del origen. Sabemos que en la medida en que conocemos el tiempo, en esa misma medida conocemos con mayor facilidad la trayectoria de la historia. Cuando entramos en contacto con el tiempo, también entramos en contacto con nuestra propia historia y ambas cosas nos conducen indiscutiblemente a nuestro origen.

¿PORQUE OCULTAR EL TIEMPO SOLO CON EL FIN DE OCULTAR NUESTROS ORIGENES?

El nuevo CICLO que apenas hace 112 años que comenzó, deberá llevarnos a establecer una cronología sobre la continuidad del tiempo sin ningún tipo de interrupción y sin que se produzcan confusiones sobre el origen y la identidad de la humanidad.

Es extraño que siendo el segundo CICLO tan floreciente en todo lo que se refiere al nacimiento, desarrollo y establecimiento de las Monarquías no se llevara un registro del tiempo continuo, o pudo haberse hecho y que por cualquier circunstancia se extraviara. Si analizamos con detenimiento todo lo que significó para la humanidad este periodo de tiempo, comenzando con Isaac, Samuel y Moisés y terminando con el mismo Jesús, nos daremos cuenta que es aquí cuando la humanidad adquiere forma de sociedad ya que se crea todo un sistema de organización social, política y religiosa, pero hay una dislocación del tiempo la cual abarca todo el CICLO de Las monarquías. Desde el 2071 hasta el 4099, si lo calculamos en tiempo continúo. Es decir, tiempo medido sin interrupción.

La historia tiene una dimensión absoluta y un sentido real, pero para que tenga sostenibilidad se necesita que esté situada en un tiempo real. Veamos en detalles y con una simple operación matemática la organización del tiempo de manera continua a partir de los hechos de Caín y Adán.

Primer Ciclo: 2071 –71 = 2000

Segundo Ciclo: 2028 +71 =2099

Tercer Ciclo: 2013 + 99 = 2112

Cuarto Ciclo: 112

1. 2071 –71=2000
2. 2000 +2028+71=4099
3. 2013+4099=6112
4. 2013-112=1901
5. 4099+1901=6000

      6) 6000 -:- 3 = 2000 NUEVO CICLO....112

Hemos hecho un deducible a cada Ciclo de los años sobrantes. Así queden redondeados en 2000 años cada Ciclo. Los 112 corresponden a un cuarto Ciclo que comenzó en el 1901.

TIEMPO TOTAL: 6112 AÑOS.

TIEMPO ACTUAL: 112 NUEVO CICLO.

En Resumen:

Para poder tener noción real del verdadero origen es necesario que partamos de un punto concreto y que sigamos una línea recta del tiempo y de la historia sin dislocación, sin fraccionamiento y sin ocultamiento del tiempo.

Hay que entender que; Origen, Tiempo e Historia constituyen una sola unidad y que en cuanto se disloque uno de estos elementos, especialmente el tiempo, se pierde sinequanum la continuidad de la historia y por supuesto, la noción del origen.

Sin lugar a dudas, en este análisis hemos recuperado la continuidad del tiempo pudiendo así unir cada fracción y completar cada Ciclo, lo que nos pone en línea recta hacia nuestro verdadero origen. La continuidad del tiempo en línea recta se mide a través de tiempos y acontecimientos reales y de manera sucesiva sin exclusión ni distorsión.

MEDICION DEL CICLO

Del año 0 al 2071 tiempo representado por un personaje. Fracción de tiempo.

Del año 2071 al 4099 Tiempo de dislocación y confusión del tiempo.

Del año 4099 al 1901 tiempos continúo hasta el 112 de nuestros días, o sea, hasta el conteo tradicional que seguimos hoy {2013}.

Del año 1901 al 112 tiempo exacto del nuevo Ciclo del CONOCIMIENTO CIENTIFICO Y TECNOLOGICO.

6000 años Tiempo exacto de los tres Ciclo pasados hasta 1901 de la Era Cristiana.

6112 años desde el reencuentro de la humanidad hasta nuestros días.

Sin lugar a dudas que el tiempo exacto en que estamos viviendo es el año 6112 no en el 2013. El 6112 es tiempo completo, tiempo continuo y tiempo real el cual incluye al 2013 y los 112 años del nuevo Ciclo. Se deberá contar, 6112 o simplemente, 112 del nuevo CICLO. Me parece que queda de mostrado que la humanidad a partir del Reencuentro, año 0 hasta nuestros día ha vivido tres CICLOS de 2000 años cada uno, más112 correspondientes al cuarto CICLO que inicio terminada la Era Cristiana, exactamente en 1901.

Del 1901 en adelante el Mundo ha dado un giro de más de 180 grados. En 112 años la humanidad dio un paso gigantesco comparado con los 6000 años anteriores.

Es posible que el autor de la cronología bíblica perdiera estos 112 años cuando intento realizar el conteo de los 1985 años a partir de la Emigración de Abraham hacia el 1850 A.C. hasta el 135 después de Cristo. El autor de dicha cronología no da tiempo preciso, sino que sus cálculos son un más o menos. Siempre que se refiere al tiempo dice: "hacia el año X" esto significa que no está seguro del tiempo exacto en que ocurrió el hecho.

Parece un poco curioso que a partir de dicha fecha se comienza a contar a la inversa, es decir, de arriba para abajo. Del 1850 hasta el año 6 antes de la Era Cristiana. Luego continúa el conteo ascendente hasta llegar al 135, pero siempre con el término "Hacia".

MANIFESTACIONES EXTRATERRENALES EN LA ANTIGÜEDAD

Primera manifestación extraterrestre, Caín y Adán.

Hijos de Dios, hijas de los hombres. "Vieron los hijos de Dios que las hijas de los hombres le venían bien, y tomaron por mujeres a las que preferían..." Génesis 6,1-4.

Tres hombres visitan a Abraham:

Estando Abraham "sentado a la puerta de su tienda en lo más caluroso del día. Levanto los ojos y he aquí que había tres individuos parados a su vera"...Génesis 18,1-8.

Dos hombres visitan a Lot:

"Los dos Ángeles llegaron a Sodoma por la tarde. Lot estaba sentado a la puerta de Sodoma. Al verlos, Lot se levantó a su encuentro..." Génesis 19, 1-17.

La zarza ardiendo:

"...El ángel de Yahveh se le apareció a Moisés en formar de llama de fuego, en medio de una zarza. Vio que la zarza estaba ardiendo, pero que la zarza no se consumía..." Éxodo, 3,1-3.

La columna de fuego:

"...Llegada la vigilia matutina, miro Yahveh desde la columna de fuego y humo hacia el ejército de los egipcios, y sembró la confusión en el ejército egipcio..." Éxodo 14,19-28.

Manifestación extraordinaria o teofanía:

"Al tercer día, al rayar el alba, hubo truenos y relámpagos y una densa nube sobre el monte y un poderoso resonar de trompetas;... Todo el monte Sinaí humeaba, porque Yahveh había descendido sobre él en el fuego. Subía el humo como de un horno, y todo el monte retemblaba con violencia. El sonar de la trompeta se hacía cada vez más fuerte..." Éxodo, 19,16-21.

La tienda del encuentro:

"Moisés no podía entrar en la Tienda del Encuentro, pues la nube moraba sobre ella y la gloria de Yahveh llenaba la Morada. Durante el día la nube estaba sobre la Morada y durante la noche había fuego a la vista de todos..." Éxodo, 40,34-38.

La tienda del testimonio:

"La nube cubrió la Morada, la Tienda del Testimonio. Por la tarde se quedaba sobre la Morada, con aspecto de fuego, hasta la mañana. Así sucedía permanentemente." Números, 9, 15-16.

<u>El carro de fuego y los Seres con forma humana:</u>

"Vi un viento huracanado que venia del norte, una gran nube con fuego fulgurante y resplandores en torno, y en medio como el fulgor del electro, en medio del fuego. Había en el centro como una forma de cuatro seres cuyo aspecto era el siguiente: tenían forma humana...relucían como el fulgor del bronce bruñido..." Ezequiel, 1,4-27.

<u>El hombre con cuerpo como de crisolito:</u>

"Vi esto: Un hombre vestido de lino, ceñidos los lomos de oro puro: su cuerpo era como de crisolitos, rostro como el aspecto del relámpago, sus ojos como antorchas de fuego, sus brazos y sus piernas como el fulgor del bronce bruñido..." Daniel, 10, 5-19.

<u>Los jinetes:</u>

Era un hombre que montaba un caballo rojo: estaba de pie entre los mirtos que hay en la hondonada; detrás de él, caballos rojos, alazanes y blancos...dijeron: Hemos recorrido la tierra y hemos visto que toda la tierra vive en paz." Zacarías, 1,8-11.

El rollo volando:

"Veo un rollo volando, de veinte codos de largo y veinte de ancho." Zacarías, 5,1.

Los carros saliendo de entre los montes de bronce:

"Eran cuatro carros que salían de entre dos montes; y los montes eran de bronce. En el primer carro había caballos rojos, en el segundo carro caballos negros, en el tercer carro caballos blancos, y en el cuarto carro caballos tardos..." Zacarías, 6,1-8.

<u>Langostas con rostros humanos:</u>

"La apariencia de estas langostas era parecida a caballos preparados para la guerra; sobre sus cabezas tenían como coronas que parecían de oro; sus rostros eran como rostros humanos; tenían cabello como cabellos de mujer". Apocalipsis, 9, 7-8.

<u>El ángel con el rostro como el sol:</u>

"Vi también a otro ángel poderoso, que bajaba del cielo envuelto en una nube, con el arcoíris sobre su cabeza, su rostro como el sol y sus piernas como columnas de fuego". Apocalipsis, 10,1.

CARACTERISTICAS DISTINTIVAS DE CADA CICLO
PRIMER CICLO

DEL PRINCIPIO HASTA CAIN Y ADAN. ERA DEL
SALVAJISMO Y LA REPRODUCION
Tiempo X al tiempo X

a- Las Cavernas.
b- La lanza.
c- <u>El fuego.</u>
d- Las tiendas o chosas.
e- La cacería y la pesca.
f- La recolección de frutos.

SEGUNDO CICLO

DESDE CAIN Y ADAN HASTA ABRAHAM.
ERA DEL REENCUENTRO INTERHUMANO
Tiempo X al 2071

a- Elaboración de metales.
b- Construcción de pequeñas ciudades.
c- Expansión territorial.

d- Agricultura y ganadería.
e- Inicio de los Patriarcados.
f- Institución de Tribus.
g- Rebaños y pastoreo.
h- Primeras fracciones de tiempo. Día, año, mes.

TERCER CICLO

DESDE ABRAHAM HASTA JESUCRISTO.
ERA DE LAS MONARQUIAS
Tiempo 2071 al 4099.

a- Instauración del sistema Monárquico
b- Constitución de Ejércitos.
c- Proliferación de las Monarquías.
d- Expansión de las ciudades y los territorios
e- Guerras entre Reinos.
f- Surgimiento de los Imperios.
g- Se crea la espada y la Lanza.
h- Surge el carruaje tirado por caballo.
i- Construcción de grandes Templos y Palacios.
j- Incremento y almacenamiento de productos agrícolas.
k- Nace y se incrementa la esclavitud.
l- Se construye la armadura de protección militar.
m- Se crea el sistema de Leyes, de jueces y de justicia.
n- Se crea el reloj de sol.

CUARTO CICLO

DESDE EL 4099 HASTA EL 1901 = 6000
ERA CRISTIANA.

La Era Cristiana inicia supuestamente con Jesucristo y se extiende hasta nuestros días. Ósea, desde el año 1 hasta el 2013.

No podemos ignorar que si bien es cierto que esta fue influenciada de manera rotunda de un contenido religioso, fue también la Era de las grandes confusiones ya que elementos básicos como; el tiempo, el origen del hombre, la propia identidad de la especie humana y la secuencia lineal de la historia no estuvieron lo suficientemente claros.

Al comienzo de esta Era se produce un corte de la historia como si no hubiese existido anteriormente la humanidad, lo mismo que paso con Isaac el hijo de Abraham, donde también se perdió el ritmo de la continuidad de la historia y del tiempo.

En este Ciclo se dieron cambios extraordinarios como:

a- Consolidación y luego decadencia de los grandes Imperios.

b- Nacen y consolidan grandes sistemas religiosos. Gracias al Edito de Milán dado por el Rey Constantino en el 313 d.c.

c- Grandes Cruzadas y guerras civiles y religiosas.

d- Se crea el Purgatorio como lugar de purificación.

e- Se instituye a San Pedro como portero del Cielo.

f- Se institucionaliza la esclavitud.

g- Se realizan grandes conquistas de territorios, Países y Continentes.

h- Nacen y se desarrollan los grandes sistemas políticos; Capitalista y Socialista.

i- Se crea el sistema Educativo; escolar y universitario.

j- Se deslindan los cinco grandes continentes.

k- Surgen las dictaduras y las democracias como sistemas.

l- Grandes guerras de independencia política.

m- Nace la Imprenta, la Brújula, la Pólvora, la máquina de vapor, el telescopio y el reloj de arena entre otros.

n- Se consolidan las fronteras.

o- Se construyen grandes Metrópolis-

p- Extraordinario crecimiento del comercio marítimo internacional.

q- Se inician las vías férreas o ferrocarriles. 8 k/h. Máxima velocidad. Aun no se superó la velocidad del Caballo.

QUINTO CICLO

EL CONOCIMIENTO CIENTIFICO Y TECNOLOGICO

DESDE 1901, FIN DE LA ERA CRISTIANA
HASTA EL 6112 AÑO ACTUAL

Con el inicio del NUEVO CICLO hacen 112 años se han experimentado cambios extraordinarios en todos los aspectos. Cambios que han transformado a la humanidad de manera indescriptible

a-   Se crea el telégrafo.
b-   El teléfono.
c-   La luz eléctrica.
d-   El Automóvil.
e-   La cinematografía.
f-   La televisión y la Radio.
g-   La navegación aérea.
h-   El satélite.
i-   El submarino.

Será en el presente Ciclo que la humanidad alcanzará niveles de conocimiento y sabiduría que le permitirán reiniciar relaciones interplanetarias como pudieron ser en algunas ocasiones del pasado.

EL PERSONAJE DE MAYOR
TRASCENDENCIA DE CADA CICLO

CICLO DEL REENCUENTRO
AÑO X AL 2071 CICLO DE CAIN

a-   Precursor del trabajo.
b-   Conquistador, tecnólogo y científico.
c-   Construye la primera ciudad del planeta después del Reencuentro con la humanidad

d- Instruye a su pueblo en la extracción y elaboración de metales.

e- Implementa proyectos de ganadería.

f- Ensena técnica musicales.

g- Y otras tantas que quizás no le reconocieron.

h- El gran precursor del sistema Técnico y de Construcción.

Fue un hombre valiente, compasivo y audaz. Nunca acusó a nadie. Parece que amaba a su familia, de manera tal que la ciudad que construyó se la dedicó a su primer hijo, HENOC.

CICLO O ERA MONARQUICA
AÑO 2071 AL 4099
(2071+2028=4099)

CICLO DE MOISES

a- Fue príncipe de Egipto.

b- Líder, libertador y guía del pueblo en el Desierto.

c- Sabio, valiente y audaz.

d- Construyó la ciudad más monumental del Imperio Egipcio.

e- Creó todo un sistema de leyes, con jueces y sus códigos.

f- Construyó el primer Templo al que le llamó la morada del encuentro. Allí descendían seres extraterrenales.

g- Oficializó la semana y le dio nombre al 7mo. Día (sábado).

h- Creó el año sabático a aplicado a la tierra.

i- Creó los clanes y las tribus.

j- Realizó el primer censo.

k- Instituyó el sistema sacerdotal y los rituales sagrados.

l- Fue el autor del Arca de la Alianza.

m- Construyó el Atrio o gran templo con su interior decorado en oro fino y varias estatuas también en oro puro.

n- Defensor de la libertad y la integridad humana.

o- Es el gran precursor del sistema judicial de todos los tiempos.

Moisés le imprimió un orden total a la humanidad a pesar de haber aparecido de la nada.

Moisés es el hombre más grande y extraordinario que ha tenido la humanidad en los últimos 6112 años de historia.

CICLO O ERA CRISTINA
AÑO 4099 AL 1901
(6000 años)

CICLO DEL REY CONSTANTINO

a- Construyó el imperio más grande y poderoso de la tierra
b- Unificó el imperio y lo consolidó de Oriente a Occidente.
c- Edificó ciudades, palacios, monumentos y grandes templos.
d- Reunificó el imperio.
e- Fue las leyes y el poder militar.
f- Reformó el sistema de corte.
g- Cambió la pena de muerte, la crucifixión por la orca.
h- Fue el precursor del sistema religioso que permeo todo el Ciclo de los últimos 2000 años con el Edito de Milán del 313 con el cual se otorga oficialidad al Cristianismo.

Esta fue su obra maestra, la que lo inmortalizó.

CICLO O ERA DEL CONOCIMIENTO
CIENTIFICO Y TECNOLOGICO
AÑO 6000 AL 112 ACTUAL
(4099 + 2013 =6112)

En esta nueva Era o CICLO, la humanidad ha experimentado un desarrollo extraordinario y veloz en todos los órdenes de la vida. Creemos que es muy temprano para definir personaje alguno ya que este ciclo apenas comienza, aunque se perfilan algunos, especialmente en el área tecnológica pero aún falta mucho tiempo. No podemos ignorar que en estos 112 años la humanidad ha dado un salto extraordinario superando aun los 6000 años anteriores y todo el tiempo que desconocemos antes del Reencuentro de la humanidad.

Es increíble que después de 6000 años es que el hombre ha sido capaz de descubrir el árbol prohibido. El árbol del conocimiento, de las ciencias y la sabiduría. Hace algún tiempo, muchos intentaron probar de este árbol pero fueron condenados por la ignorancia del mismo hombre. Lo sabemos. Todos lo sabemos.

Los cinco elementos que han tenido mayor impacto en la historia de la humanidad.

Primero: EL FUEGO.
Este tiene origen en el tiempo desconocido (Las Cavernas).

Segundo: LA METALURGICA.
Tiene su origen en el Ciclo de CAIN.

Tercero: EL SISTEMA DE JUSTICIA.
Tiene su origen en el Ciclo de MOISES.

Cuarto: EL SISTEMA RELIGIOSO.
Se oficializa en el 313 d. c. Ciclo de CONSTANTINO.

Quinto: LA LUZ ELECTRICA.
Tiene su origen en el actual CICLO, 112

La humanidad vive hoy día:

Siglo 62 / Ciclo 4to. / 112 del Conocimiento Científico y Tecnológico.

Finalmente: si hacemos simplemente algunas comparaciones de lo que fue el Ciclo pasado hasta el 1901 con los avances del NUEVO CICLO, o sea, 112 años después, de seguro que quedaremos asombrados.

En el Ciclo pasado solo pudimos alcanzar velocidad de 8 kilómetros por hora, ni siquiera superamos la velocidad del caballo. En el NUEVO CICLO sobrepasamos las cinco mil (5.000) millas por hora.

La comunicación tardaba semanas, y por lo general meses para llegar de un continente a otro.

En el NUEVO CICLO llega en fracciones de segundo a cualquier lugar del planeta.

En el Ciclo pasado no habíamos salido de la atmosfera terrestre.

En el NUEVO CICLO estamos penetrando la profundidad del espacio y hasta tocando suelo de otros planetas.

112 años que marcan la diferencia en la historia de la humanidad. Es el inicio de un nuevo CICLO.

GRANDES INTERROGANTES:

1- ¿Por qué se le ha ocultado el tiempo real a la humanidad de manera indefinida?

2- ¿Con esto se ha pretendido ocultar el verdadero origen?

3- ¿Por qué se dislocó el tiempo y la historia?

4- ¿Por qué se trató que la humanidad perdiera la noción del tiempo, no sería con el fin de que nunca sepa su origen?

5- ¿Habría algún responsable de todo esto y por qué?

6- ¿Por qué se teme que el ser humano sea Sabio e inteligente?.

7- Por qué perder tanto tiempo navegando en la ignorancia ya que tarde o temprano todo saldrá a la luz de manera transparente.

8- No puede ser que por siempre toda la humanidad, incluyendo Teólogos, Científicos y Filósofos haya ignorado la verdad del origen del hombre. Alguien debió saber. Con algún fin se ocultó el tiempo y la historia.

9- No resulta un poco curioso que en el primer ciclo se lleve un registro exacto del tiempo, sin embargo, en el segundo ciclo se disloca el tiempo de tal manera que ni siquiera los personajes más importantes de las monarquías tienen fechas precisas, aparte de que se pretende contar el tiempo al revés con el fin de jugar con la ignorancia y al mismo tiempo con la inteligencia de la humanidad, de tal modo, que nadie ha podido escapar a esta realidad.

Nota: **Se me pidió descifrar el tiempo y eso he hecho.**

DESCENDENCIA LÓGICA

TRATADO

No. V

DECODIFICACIÓN DEL ORIGEN DEL HOMBRE DESPUÉS DE LOS DINOSAURIOS

V

DECODIFICACIÓN DEL ORIGEN DEL HOMBRE DESPUÉS DE LOS DINOSAURIOS

Supuestamente hace aproximadamente 40 millones de años que el planeta tierra fue impactado por un planetoide o asteroide, razón por la cual desaparecieron los dinosaurios y quizás todo tipo de especies que en ese momento cohabitaban el planeta. Por el momento, los científicos solo han hablado sobre los dinosaurios ya que solo se ha tenido evidencia de estos gigantescos animales. Es por eso que solo se habla de la era de los dinosaurios. Es decir, que anterior, en el momento y posterior de dicha catástrofe no se sabe absolutamente nada, por lo que no se puede negar la posibilidad de que pudieron existir otros seres tanto superiores como inferiores a los dinosaurios, pero con estructuras óseas más débiles por lo que no pudieron preservarse y se diluyeron con el paso del tiempo.

Por tal razón, no se puede afirmar ni tampoco negar la existencia de otras formas de vida anterior a dicha catástrofe, por tanto, no se puede dudar ni negar la posible existencia de alguna civilización anterior a dicho evento la cual también desapareciera juntamente con los dinosaurios. Es muy probable que de haber existido alguna civilización anterior a dicho evento, la misma estuviera interrelacionada con otras civilizaciones del universo y debido a la magnitud de la catástrofe todos los sistemas tecnológicos también desaparecieron, lo que supone que el planeta se perdiera de las coordenadas interplanetarias por tiempo indeterminado y después de pasado x tiempo fuera reencontrado y re habitado por seres humanos traídos de diferentes planetas, incluyendo las mayoría de las diferentes especies de animales, especialmente las aves y otros animales domésticos los cuales siempre han estado muy cercanos a los humanos. Existen otros tantos que quizás pudieron sobrevivir a pesar de la magnitud que pudo haber tenido dicha catástrofe. De una cosa si se puede estar seguro, y es que tanto los anfibios como la vegetación podían preservarse por huevos y por semillas durante mucho tiempo.

Si somos seres descendientes de otros planetas, entonces, ¿qué pasó con el desarrollo nuestro, porqué es ahora cuando apenas comienza el desarrollo de la humanidad? La respuesta es sencilla.

El ser humano a pesar de venir de civilizaciones extraordinariamente inteligentes y avanzadas, al llegar al planeta tierra donde probablemente solo existía vegetación y vida marítima, se ve en la necesidad de adaptarse para poder sobrevivir. Comienza a descender en lo referente al conocimiento científico y tecnológico que pudo haber tenido cuando fue traído a la tierra, pues ya estos conocimientos no le son útiles y es entonces cuando se inicia el proceso de letargo de la inteligencia, pues ya el conocimiento científico no importa, lo que importa es la alimentación y reproducción, para eso fueron traídos aquí, para repoblar el planeta.

Es por eso que a partir de ese momento comienza a dormirse el potencial de inteligencia de los nuevos habitantes del planeta tierra hasta alcanzar el nivel de salvajismo conservando solo las habilidades que le eran útiles para su desenvolvimiento. Este proceso pudo tomar decenas de miles de años y permanecer así por tiempo indefinido.

Luego comienza un proceso ascendente el cual pudo tardar un tiempo similar al anterior. Estos son dos períodos de tiempo que no se puede determinar su duración: periodo de descenso y periodo de acenso, lo que sí sabemos es, que el hombre a pesar del estado salvaje por el cual pudo haber pasado, está demostrado que siempre ha sido la especie más inteligente de todas las especies vivientes que hayamos conocido en el planeta tierra. Está demostrado que en la era de la caverna ya el ser humano había desarrollado un gran nivel de inteligencia hasta el punto de descubrir el fuego, tanto así, que dicho descubrimiento no ha podido ser superado ni siquiera por la tecnología moderna ya que este sigue siendo utilizado por el 100% de la humanidad.

Hay que admitir, que realmente desconocemos la cantidad de inventos que creara el ser humano tanto antes como después de las cavernas. O sea, que cada etapa suponía un mayor desarrollo o despertar de la inteligencia humana. Significa que el ser humano es infinitamente inteligente desde su origen. No importa de donde venga, lo que sí es cierto que de donde quiera que venga es y ha sido extraordinariamente inteligente.

El ser humano es la única creatura que a pesar de haber bajado al estado de salvajismo ha tenido la facultad de despertar su inteligencia y ponerla en movimiento, a diferencia de las demás especies, inclusive, el mono, que según los evolucionistas es la especie de donde se origina el hombre, pero aun este continua siendo tan mono como desde su origen conservando todas sus condiciones que lo caracterizan como cualquiera otro animal. Resulta un tanto curioso el que se haya tomado al mono como parámetro en el origen de los humanos habiendo aun otras especies las cuales socializan con mayor facilidad con el ser humano, y hasta conviven bajo el mismo techo, y hasta tienen ciertas habilidades de percibir algunos sentimientos de los humanos. El mono carece por lo general de estas condiciones, ni siquiera ha alcanzado ni mínimamente las habilidades de la especie humana, tanto así, que aún permanece en su estado original tal y como los demás animales sin que se noten cambios algunos, tanto en su inteligencia como en su estructura biológica. Por el contrario, la especie humana cada día eleva aún más el nivel de inteligencia; crea y perfecciona progresivamente ideas y realidades, tal parece que así fue concebida desde antes que habitara el planeta Tierra. Debo señalar que la distancia indescriptible del tiempo transcurrido desde que el hombre apareciera en la Tierra hasta hoy día, es propicia para ni siquiera imaginarse que el hombre podría tener origen en algún otro planeta igual o semejante al planeta Tierra.

Sin lugar a dudas que la mayor inquietud del ser humano a través de toda la historia ha sido siempre preguntarse por su origen a pesar de las respuestas que tanto las distintas religiones como las ciencias han tratado de ofrecerle, significa que tales respuestas no han sido lo suficientemente convincentes para satisfacer determinadas inquietudes.

En la profundidad de nuestra inteligencia algo nos dice que no somos seres creados por arte de magia ni tampoco creaturas de origen animal, sino, que nuestro origen es completamente diferente al que se nos ha planteado hasta ahora.

No es posible que después de la desaparición de los dinosaurios, las especies hayan evolucionado tanto que hayan dado como resultado a la especie humana en el transcurso de ese periodo de tiempo el cual es relativamente muy corto para que se efectúen innumerables mutaciones en el proceso evolutivo. Si observamos las distintas y totalmente diferentes variedades de especies existentes en el planeta tierra, jamás podríamos deducir la cantidad de miles de millones de años que ha tomado la evolución para lograr la especie humana. No está lo suficientemente claro si dicha evolución se inició antes o después de la era de los dinosaurios. Tampoco es posible que el jardín del Edén fuese creado después de la destrucción de los Dinosaurios ya que esto contradice el propio relato de la creación, ni tampoco antes, pues significa que antes de los Dinosaurios ya existía el ser humano. Lo cierto es que ni la teoría de la creación ni la teoría de la evolución cuentan con bases suficientes para demostrar lo contrario y así reafirmar sus postulados.

Creo que lo más lógico es aceptar que el planeta fue re habitado después de la gran destrucción que eliminó a los dinosaurios y quien sabe cuántos tipos de especies más. Es posible que los nuevos habitantes provinieran de diferentes planetas ya que las diferencias entre las distintas razas son muy marcadas y notorias, especialmente desde el punto de vista físico. No es posible que tengamos cuatro grandes razas tan diferentes una de las demás, y que estas diferencias se le quiera atribuir a un simple proceso evolutivo cuando realmente sabemos que esto no puede ser. **No ha habido en el planeta Tierra ningún fenómeno de importancia que pueda alterar de manera significativa la estructura tanto física como biológica de la humanidad como para que se produjeran las distintas razas que cohabitan el planeta.**

Todos sabemos que la parte habitable del planeta Tierra no es más que una cuarta parte, la otra tercera parte la constituyen los grandes océanos, es decir, que la parte habitable del planeta no es lo suficientemente tan extensa como para que se produzcan razas con características tan diferentes de una raza a otra, y ni siquiera las variables del clima son tan distintas de una región a otra, es prácticamente el mismo clima, por lo que tampoco va a tener mayores incidencias en la diferenciación de los rasgos físicos, y especialmente el color de las distintas razas.

En la historia de la humanidad solo se puede señalar un hecho masivo de mezcla racial significativo el cual ha marcado, sin lugar a dudas, a una parte importante de la humanidad dando como resultado una extraordinaria variabilidad en los rasgos fisiológicos de los individuos. Dicho acontecimiento se da a partir de 1492 con la conquista de América, o más bien, con la llegada de europeos y africanos a lo que hoy se llama continente americano. Hasta ese momento las razas permanecían en su estado original y aún permanecen todavía sin que se dé una fusión o mescla racial significativa. Es solo en el nuevo continente donde se dio y se da masivamente este fenómeno interracial dando como resultado a lo que llamo, 5ta. Raza en desarrollo.

Cuando hablo de razas me refiero: a las razas blanca, amarilla, negra y marrón las cuales son distintas, diferentes, y únicas en sí mismas, mientras que el hispanoamericano no constituye una raza como tal porque somos el resultado de la mezcla de las razas anteriormente dicha.

Se hace un poco difícil aceptar los planteamientos del relato de la creación tal y como lo plantea el libro del Génesis, ya que Adán y Eva, sabemos que no son el tronco común para que se generaran estas cuatro grandes razas. Ni tampoco es posible que dichas razas surgieran del mono puesto que ningunas guardan ni el mínimo parentesco con este supuesto tronco común.

Somos creaturas humanas sin tener que haber pasado por el jardín del Edén ni mucho menos haber pasado por un sinnúmero de transformaciones biológicas para así llegar al estado humano.

Somos creaturas del Universo con origen en algún lugar desconocido. El origen del hombre en la tierra, más temprano que tarde lo sabremos, no así, el origen de la vida ni mucho menos del Universo, pues, esto será siempre un enigma el cual no será descifrado jamás por ninguna sabiduría que pudiera existir en el universo por avanzada que pudiera ser. Tenemos que confesar con toda honestidad, queramos o no, que hemos tenido que creer todo aquello que se nos ha dicho sobre nuestro origen aunque esa no sea toda la verdad.

DESCENDENCIA LÓGICA

INDICE-TRATADO

No. VI

CODIFICACION DEL FUTURO

VI

CODIFICANDO EL FUTURO

MANIFESTACIONES EXTRATERRESTRES

Por décadas, seres de otros mundos han estado visitando frecuentemente el planeta tierra, probablemente con el fin de estudiar toda su estructura y variables que lo constituyen, así como; oxigeno, biodiversidad, distintas formas de vidas tanto animal como humana y Capacidad tecnológica y científica con que contamos entre otras.

Es probable que ellos conozcan más de nosotros y de nuestro planeta que nosotros mismos.

Su presencia en la tierra no es por casualidad, ellos vienen y van con algún objetivo específico. Por mucho tiempo han estado recogiendo muestras e informaciones sobre distintos aspectos de nuestro planeta sin que nos demos cuenta, y pueda que esa sea la primera etapa de su investigación y que luego tomen otras acciones sea a favor o en contra nuestra. No lo sabemos. Lo cierto es que su presencia es cada vez más activa.

No debemos continuar creyendo que esto es solo un mito, o que son simples alucinaciones o meras fantasías de algunas personas. Es hora de que se tome en serio este fenómeno y que se trate con la responsabilidad que se merece ya que mientras más tarde mayores serán los traumas y las consecuencias para la humanidad. Es la realidad y no tenemos otra alternativa que no sea aceptarla aunque la misma cree ansiedad colectiva.

Si ellos vienen y van a cada momento, lo más lógico es que también podrían tomar determinadas acciones sobre nosotros cuando y como ellos lo consideren.

De acuerdo al comportamiento de su presencia en la tierra tenemos que deducir, que su misión parece estar limitada a algún tipo específico de investigación ya que todavía no se ha demostrado que estos seres hayan tratado de establecer ningún tipo de comunicación con los humanos, sin embargo, tenemos que presumir que sea lo que sea que estén haciendo lo hacen con algún fin u objetivó especifico. Podemos estar plenamente seguros que sus visitas no son con fines de negocios ni mucho menos con fines turísticos.

Lo más probable es que dichas visitas tengan objetivos diferentes; uno podría ser la investigación sobre todo lo concerniente al sistema atmosférico, otro podría ser sobre todo lo relacionado con la naturaleza y ecosistema, otro podría estar orientado al estudio de los componentes de la biología humana y animal, mientras que otro podría estar dirigido a todo lo relacionado con el conocimiento tecnológico y científico de la humanidad. También podrían estar evaluando los posibles riesgos que sufrir toda la Galaxia solar en el caso de que ocurriere una catástrofe en el planeta tierra. Todos sabemos que estamos destruyendo el planeta de manera indiscriminada y esto afecta sin lugar a dudas la armonía de todo el universo.

El hecho de que parezcan criaturas inofensivas no quita que debemos estar en alerta para cualquier eventualidad futura.

Esos seres a los cuales llamamos extraterrestres, entran y salen de nuestro planeta cuando quieren sin que nada ni nadie se lo impida, pues no contamos con mecanismos suficientes para hacerlo. Su capacidad tecnológica es infinitamente más avanzada que la nuestra, tan así, que pueden viajar quizás más rápido que la velocidad de la luz, mientras que nosotros estamos apenas iniciándonos en el sistema de velocidad.

Lo más sensato es aceptar la realidad y comenzar a prepararnos emocional y tecnológicamente para un encuentro futuro con otras civilizaciones sea cuales sean sus fines. No podemos huir ni escondernos, y quizás sea mejor no tratar de enfrentarlos ya que desconocemos totalmente su capacidad tecnológica. Dicho encuentro será inminente tarde o temprano. Ellos vendrán hacia nosotros no nosotros hacia ellos.

Tenemos que ser conscientes que la más sofisticada de nuestra tecnología no tiene la capacidad ni siquiera para detener una de sus naves ya que son civilizaciones que ni siquiera podemos imaginar a cuantos miles de años luz están de nuestra civilización. Nosotros apenas estamos comenzando. Ellos podrían neutralizar todo nuestro sistema tecnológico en unos cuantos minutos y dejarnos absolutamente incomunicados, basta con una estrategia de acción combinada en el mismo espacio sin tener que bajar a la tierra. Solo neutralizando el complejo satelital nuestro.

No podemos subestimar nada, cualquier acción puede ser posible en sus objetivos. El avance tecnológico nuestro podría resultar muy limitado, nuestra tecnología es una tecnología naciente la cual ha experimentado un crecimiento significativo en las últimas tres décadas. Se necesita mucho descubrimiento y desarrollo en esta área.

Una cosa que se debe tomar en cuenta cuando nos referimos a lo seres extraterrenales es, que no sabemos realmente si esos seres que conocemos con ciertas características, son o no los verdaderos extraterrestres o no son más que diseños tecno-alienígenas usados solo para fines de investigación. Es probable que vengan de diferentes planetas dadas las formas de cada uno y las diferentes formas de naves en que viajan.

Estos tipos de extraterrestres que conocemos podrían ser entidades tele-manipuladas desde su lugar de origen con niveles de inteligencia inferior a la de sus diseñadores, pero superior a la nuestra.

Muchas gentes creen que ellos están entre nosotros y que nos están asesorando de alguna manera, podría ser, pero sea que estén o no, lo cierto es que estamos avanzando. Las gentes no se explican porque tanto avance en tampoco tiempo. Hace apenas unos 40 años no existía ni siquiera el teléfono celular, ni el internet ni los viajes espaciales entre otros. La humanidad ha dado un salto gigantesco en unos pocos años, de manera que la misma humanidad no le encuentra explicación.

No se puede dudar que de algún modo estén interviniendo en todo este desarrollo que velozmente hemos alcanzado en tan poco tiempo, a menos que la inteligencia humana este dando un salto inexplicable. Los avances de las últimas décadas están a miles de años luz comparados con los de hace cien años atrás. Esto causa asombro, con lo cual quedan abiertas varias interrogantes sobre este salto repentino de la inteligencia humana. **Con esto reafirmo mi teoría sobre la negación de la evolución cuando digo: La inteligencia no evoluciona, se despierta.**

La inteligencia humana está de regreso hacia sus orígenes, es decir, se dirige al momento en que el hombre fue plantado en la tierra donde su sabiduría era superior a la de hoy, sabiduría que permanecía dormida por tiempo indefinido.

Nos encaminamos de manera inminente al encuentro con otras civilizaciones las cuales pudieran ser nuestros ancestros. No olvidemos que el universo es infinito y que nuestro planeta no es más que un granito de arena colocado en la inmensidad del espacio. Todavía ni siquiera conocemos nuestro planeta, cuanto menos, otras posibilidades que no están a nuestro alcance.

La humanidad tiene que crecer en sabiduría y dejar que su inteligencia despierte a máxima capacidad lo cual solo logrará aceptando y asimilando realidades que hasta ahora le parecen inconcebibles. No hay que temer. Hay que abrir puertas y ventanas y dejar que la luz entre e iluminé toda la casa.

No hay tiempo para perder el tiempo elaborando y construyendo teorías fatalistas sobre catástrofes, destrucción, derrotas, terror, oscuridad, venganza y juicio final. Es tiempo para anunciar grandes cambios como; el amor creador y transformador, la luz de la sabiduría humana, el encuentro con otras inteligencias, la grandeza del universo y su creador, el crecimiento de la inteligencia humana.

El miedo y el temor se convierten en un obstáculo para el crecimiento y desarrollo de la inteligencia y la sabiduría.

Estos teóricos que en todos los tiempos no han hecho otra cosa que no sea, incrementar la ignorancia en la raza humana con predicciones y premoniciones apocalípticas catastróficas, llevando siempre un mensaje aterrador sobre el destino final de la humanidad, causando así un gran desaliento y desesperanza ya que para ellos el castigo será inminente lo que provoca un sentimiento de impotencia e inseguridad en toda la colectividad. En lo más profundo de nuestra conciencia sabemos que ese no es el deseo de la omnipresente sabiduría creadora, destruir con furor lo que fue creado por amor.

Esta corriente de pensamiento fatalista no permite que la inteligencia se desarrolle a plenitud ya que esto debilita el deseo de superación del conjunto de la humanidad poeque crea la sensación de que la humanidad está condenada al fracaso final de manera inminente.

Mientras más se desarrolla la sabiduría individual más se perfecciona la humanidad. Mientras mayores son los excesos de poder, mayor es la ignorancia colectiva. Cuando se manipula la conciencia de la humanidad con conceptos ilógicos y se le imponen determinismos divinos, supuestamente revelados, no hacemos más que obstaculizar el desarrollo de la raza humana y el supremo deseo de su creador.

En una ocasión el mismo Jesús de Nazaret, desautorizó a todos esos mensajeros insensatos llamados profetas, e incluso, a él mismo cuando dijo: "más de aquel día y hora, nadie sabe nada, ni los ángeles de los cielos, ni el hijo, sino solo el padre." Nunca han existido, ni existen, ni existirán mensajeros en quien el creador confié sus más profundos deseos sobre su intención final, ni es posible que el creador sea tan sádico que se complazca con la destrucción colectiva. No, eso no puede ser posible.

La humanidad está ansiosa y necesita urgentemente elevar su nivel de inteligencia y sabiduría. El universo tiende a ampliarse cada vez más y el ser humano necesita abrirse para aceptar y comprender esa realidad.

Es imprescindible una terapia colectiva que libere a la humanidad de todos los traumas que viene arrastrando a través de miles de años de su historia por que le han sembrado un sentimiento de miedo, terror e impotencia.

Creo que aquellos que temen que la humanidad despierte su inteligencia lo hacen porque también han estado atrapado por los mismos traumas y porque en definitiva le resulta conveniente. Es tiempo de que se le permita a la humanidad prepararse para un posible encuentro con otras civilizaciones el cual será inminente tarde o temprano. **Si así fuere que así sea.**

Consideraciones

Es hora de que se haga una reinversión tanto de las ciencias como de la tecnología adecuándolas y eficientizandolas acorde con las exigencias del futuro. No hay que olvidar que nuestra tecnología es todavía muy vulnerable.

a) Se deberá crear un organismo multidisciplinario constituido con los mejores talentos técnicos-científicos sin importar nacionalidad o razas, los cuales tengan plena facultad para diseñar y crear proyectos modelos de reinversión y reingeniería, especialmente en el área aeroespacial como prioridad del futuro próximo.

b) Elaborar un sistema de vigilancia en el espacio profundo que garantice mayor seguridad a la humanidad y al planeta en sí.

c) Diseñar algún sistema satelital alternativo vía terrestre, ya que dada cualquier eventualidad el planeta podría quedar sin comunicación y sin otros servicios básicos en cuestión de horas.

d) Proveer todas nuestras aeronaves de un sistema de cámaras exterior que pueda captar todo elemento que se mueva a su alrededor y transmitirlo a una central terrestre.

e) Crear algún tipo de armas electro-laser capaz de desactivar cualquier sistema electrónico, es decir, un arma que al impactar cualquier objeto produzca una alta descarga eléctrica aunque el objeto sea blindado. Nunca se sabe. La prevención nunca sobra.

VELOCIDAD Y ENERGIA.

1- Se deberá replantear el tipo de aeronaves comerciales del futuro. Deberán ser más ligeras, de menor cantidad de pasajeros y mucho más pequeñas, estas resultarían más seguras, de mayor rendimiento y más económicas. No olvidemos que la velocidad será la principal exigencia del futuro. Mientras mayor velocidad menor es la distancia.

2- Se deberá retomar la idea del motor de vapor ya que aquí podría estar la respuesta de la energía aeronáutica del futuro. Un motor que sea capaz de convertir el aire en vapor y el vapor en energía que combinado con la energía solar pudiera producir la fuerza necesaria para mover cualquier tipo de nave y a cualquier velocidad. No olvidemos que el primer motor era de vapor y era capaz de empujar decenas de toneladas aunque a muy baja velocidad, pero fue demasiado para el momento. Eso demuestra que el vapor se puede producir con cierta facilidad y de manera permanente en una aeronave. De ser así podríamos viajar a cualquier punto del universo.

Existe una cantidad de energía dispersa en la atmosfera y que los científicos debieran tratar de localizar, es aquella a lo que llamamos estática producida por ciertas alteraciones o cambios de temperatura, ejemplo; cuando se dan estos cambios se produce una alta humedad la cual hace que se desprendan ciertas descargas eléctricas la cual podemos comprobar solo tocando algún tipo de metal. También se manifiesta en el rayo.

Es posible que si estudiamos más a fondo este fenómeno de seguro que podríamos sacarle grandes resultados, especialmente para la utilización de nuestras aeronaves, y de manera particular, las naves espaciales.

3-Las naves aéreas deberían producir su propio combustible y su propia energía utilizando así los espacios interiores o compartimientos destinados para cargas, ser estos utilizados como cámaras de producción de energía atreves de vapor y humedad. Sé que los científicos podrán lograrlo, es solo cuestión de tiempo y un mayor esfuerzo.

Es posible que otras civilizaciones del universo estén utilizando este tipo de energía o alguna similar la cual le facilita viajar a cualquier punto del universo sin límite de tiempo y a cualquier velocidad.

Recordemos que más allá de la atmosfera se podría volar a una velocidad infinitamente superior a la que se volaría dentro de la atmosfera.

No es un secreto que existen cambios atmosféricos que alteran de manera significativa todo el sistema, ejemplo: la combinación de aire frio y aire caliente produce un estado de humedad y esto da como resultado una alta descarga de energía electromagnética a lo que llamamos, estática, la cual se manifiesta en el entorno ambiental y que se puede percibir cuando hacemos contacto con cualquier objeto recibiendo pequeñas descargas eléctricas.

Estoy plenamente seguro que en el futuro los científicos han de encontrar el punto neurálgico de esta cuestión el cual cambiaria de manera total la tecnología espacial.

h) Reinvertir la forma cuadrada de pensar. Se necesita una forma de pensar triangular, lineal y circunferencial. El 99% de nuestras creaciones son cuadradas, solo el 1% es circunferencial, triangular o lineal, sin embargo, este 1% es más eficiente que el otro 99%. Lo triangular, lineal y circunferencial da la noción de ilimitado e infinito.

i) Elaborar políticas y estrategias bien definidas de cómo preparar a la humanidad para cualquier eventualidad, y cómo interrelacionar del modo que sea con otras civilizaciones.

Yo pregunto: ¿Por qué en vez de estar buscando razones para demostrar las huellas de un dinosaurio después de millones de años de la desaparición de estos, no nos concéntranos en cosas más útiles, como el perfeccionamiento de nuestra tecnología?

No olvidemos que vivimos en un mundo inmensamente dividido: por fronteras, por culturas, por credos religiosos, por sistemas políticos y por sistemas económicos, los cuales nos hacen más débiles y vulnerables como conjunto humano. Allá afuera, en el espacio no existen estos condicionamientos.

No es tiempo para continuar buscando justificaciones estériles sobre quien tiene o no la razón, si la ciencia o la religión. La verdad es que hay una realidad que cambia de manera total la percepción que hasta ahora hemos tenido sobre el origen.

Como ciudadanos del mundo todos tenemos el deber y el sagrado derecho de velar y cuidar al planeta sin que lo ordene un estamento jurídico. Este es nuestro mundo, no otro, nuestra casa no otra. Alguien está entrando y saliendo sin que sepamos con qué objetivo. Este es un secreto a voces.

Con todo lo expuesto en este tratado no hago otra cosa más, que tratar de interpretar y expresar las inquietudes e interrogantes de cientos de millones de seres humanos que de alguna manera al igual que yo, buscan con ansiedad algunas respuestas a estas incógnitas y enigmas.

Estoy plenamente seguro que terminó la era de los traumas, del letargo, del miedo a lo desconocido, de la ignorancia colectiva y del terror a las predicciones apocalípticas catastróficas, llámes, juicio final el cual hace que la humanidad tiemble solo con pensar en él.

Comenzó la Era o CICLO del conocimiento, de la propia identidad, de la sabiduría plena, de la integridad humana, de la inteligencia suprema y de la apertura universal.

Hace 112 años que comenzó el CICLO del conocimiento científico y tecnológico.

Este mensaje deberá ser conocido por todos porque así ha sido establecido.

Si así fuere que así sea

UN CALENDARIO PARA EL FUTURO

CALENDARIO CIVIL UNIVERSAL

Entendiendo que **la humanidad es una, única y universal** la cual deberá buscar fórmulas que le permitan vivir en absoluta armonía para de ese modo alcanzar sus mayores aspiraciones y que le permitan la convivencia adecuada como comunidad universal.

Con absoluto cuidado y suficiente prudencia hemos hecho un análisis sobre el tiempo logrando así codificar cada ciclo y definir el tiempo continuo a partir de la presencia de Caín y Adán hasta nuestros días.

Durante el transcurso del tiempo y de la historia ha habido una prioridad para el hombre, organizar el tiempo con el fin de controlar y orientar mejor todas sus acciones. A pesar de todos los grandes esfuerzos parece que todavía no se ha podido llegar a una conclusión definitiva con relación a la armonización del hombre y el tiempo como tal, aunque sabemos que ambos no pueden existir uno sin el otro ya que estos constituyen una unidad inseparable.

A partir de este postulado hemos concluido que:

-Visto los distintos ciclos de la historia y la gran inquietud del hombre por alcanzar la regularización justa y equitativa del tiempo para de esa forma integrarlo a todas y cada una de las actividades cotidianas.

-Vistos los grandes esfuerzos que desde el origen se han venido haciendo con el fin de lograr la distribución y administración del tiempo y para ello se ha tratado de fraccionarlo en; años, meses, semanas, días, horas, minutos y segundos para de ese modo poder contabilizarlo.

-**Visto** el desajuste, dislocación, y la posible manipulación de lo que debió ser tiempo continuo con la interrupción de más de dos mil años (2000) o sea, todo el ciclo comprendido entre Abraham y Jesús el hijo de María la esposa de José. En este periodo se comete la osadía hasta de contar el tiempo de manera inversa como si fuésemos en retroceso.

-**Visto** los distintos calendarios, e incluso, los calendarios más antiguos como el Egipcio, el Chino y el Maya que datan de tiempo inmemorables, quizás de más de cuatro mil años de existencia hasta llegar al calendario Gregoriano elaborado por el Papa Gregorio X III en el años de **1582**, que por cierto es el calendario que aún sigue vigente hoy día.

- **Visto** que todos los calendarios están inspirados mayormente en los ciclos de la naturaleza y las distintas posiciones de los Astros con relación a la tierra, y que aun en la actualidad hay sociedades que continúan utilizando formas ancestrales para medir el tiempo.

-**Visto** que todavía aún existen diversas sociedades que se rigen con sus propios calendarios por la falta de un calendario que unifique y concilie determinadas culturas con el resto de la humanidad.

-**Visto** y minuciosamente analizado el actual calendario, hemos concluido que este necesita una profunda y prudente revisión, de manera que se adecue a los nuevos tiempos, que tenga alcance universal y que recoja el espíritu de las grandes sociedades que integran el universo e interprete las grandes exigencias que demanda **el actual ciclo del conocimiento científico y tecnológico.**

Por consiguiente, hace falta un calendario que convoque a la unidad y a la conciliación universal. Un calendario que no se limite solo a regular las acciones de un determinado grupo o sociedad. Un calendario que en vez de confundir por la complejidad de su estructura, facilite el accionar cotidiano. Un calendario que convoque a la convivencia y conciliación

fraterna de toda la humanidad. Un calendario que contribuya al desarrollo de la inteligencia, especialmente de nuestros niños. Un calendario con alcances universales el cual deberá incluir:

Primero: El día Universal de la humanidad en recordación de nuestro origen e identidad.

Segundo: El día universal de la libertad e integridad en reconocimiento a la sublime y excelsa grandeza de la persona humana.

Estas serían las dos fechas de mayor trascendencia para la humanidad en las cuales se uniría el sentimiento universal donde se conmemorara: **EL ORIGEN DE SER Y SER LO QUE SOMOS.**

Veamos algunos de los inconvenientes que nos presenta el actual calendario:

1- No existen dos meses continuos que tengan la misma cantidad de días.

2- La irregularidad del mes de febrero el cual durante tres años consta de 28 días luego el cuarto año se le cuentan 29 días.

3- En el calendario actual tenemos meses que se le cuentan prácticamente cinco semanas sin embargo, solo tienen cuatro semanas y dos o tres días más, lo cual crea mayor confusión en la generalidad de la población en cuanto a la administración del tiempo.

4- Se dice que el domingo es el primer día de la semana, pero por lo general casi nunca cae el día que realmente debiera caer. Debiera caer, **1-8-15 y 22** de todos y cada uno de los meses del año. El sábado es el séptimo día, debiera caer; **7-14-21 y 28.**

5- En todo el periodo anual, no más de tres meses comienzan con el domingo como día primero y el sábado como día séptimo de la semana. Recordemos la significación que tienen estos dos días para gran parte de la humanidad.

En cuanto al año bisiesto, se alega que su existencia se debe supuestamente a un retraso del tiempo de aproximadamente unas seis horas en el movimiento de traslación de la tierra cada año, sin embargo, los días continúan midiendo las mismas 24 horas. Por lo regular, existen épocas del año que dada la posición de la tierra con relación al sol los días son más cortos o más largos, pero se le cuentan las mismas cantidad de horas.

Particularmente, no creo que en el tiempo que se elaboró el calendario Gregoriano existiera tecnología tan avanzada como para determinar tales detalles, por el contrario, la mentalidad de la época sostenía que la tierra no giraba, que lo que giraba era el sol alrededor de la tierra. **Recordemos lo que le pasó a los astrónomos Nicolás Copérnico y a Galileo Galilei, fueron condenados a cárcel domiciliaria por contraponerse a la mentalidad imperante en su época.**

No podemos ignorar que la época en que se elaboró el calendario aún vigente, fue una época que estuvo marcada por grandes acontecimientos y lucha de poder, especialmente religioso. Es la época en que los tribunales de la santa inquisición están en pleno apogeo. Es la época en que surge la Reforma Protestante con Martin Lutero. Es la época de la venta de las indulgencias y es la época del descubrimiento de América. Todo esto va a tener una incidencia capital en la elaboración de normas que tienen que ver con la conducta individual y colectiva, especialmente con la distribución del tiempo.

Esta fue una época de transición forzosa de la humanidad. Una época en la que se generaron grandes conflictos tanto en el orden socio-político como en el orden religioso. Se da el conflicto entre el cristianismo y el Islamismo por la expansión de su fe por toda Europa lo que trajo como consecuencia todo el movimiento de las

Cruzadas o guerras santas y la competencia entre la Nobleza y el Clero entre otros.

El Cristianismo logró el control religioso, control político y por supuesto, control del tiempo con la elaboración e imposición del calendario Gregoriano de 1582. Es increíble, pero es ese el calendario que fue elaborado en un periodo de de tanta confusión y conflictos y que aun segué regularizando nuestras actividades cotidianas.

El tiempo no sobra ni falta, es completo, pero es fácilmente manipulable. Según parece, la semana la constituyo Moisés en el desierto, el año no sabemos quién y cuándo ya que desde el principio del libro del Génesis se habla de los **930 años** que vivió Adán y luego le siguen todos sus descendientes. Se habla también sobre el mes en que sucedió el supuesto acontecimiento del Diluvio universal, significa que antes que se constituyera la semana ya existían tanto el año como el mes.

Es exactamente el momento para dejar a un lado ciertos intereses y construir normas que tiendan a globalizar los valores que hace mucho tiempo debieron desarrollar los seres humanos como son: la armonía universal y la solidaridad colectiva.

La convivencia universal es un imperativo categórico que está planteado en el nuevo ciclo el cual inició en el **1901**, hacen **112** años y quien no lo acepte, sea persona o institución, será excluido del organigrama de la historia quedando fosilizado en el pasado. Los cambios no lo para nadie, se dan cuando se deben de dar. Son como la corriente de un Rio manso y cristalino que si lo represan, sus aguas embravecidas podrían arrasar con todo lo que le quede por delante.

Recordemos que estamos viviendo en el segundo siglo del ciclo cuarto de la humanidad, el ciclo del conocimiento científico y tecnológico en el cual nos proyectamos hacia la universalidad. Se demandan cambios en ciertas estructuras y establecimiento de normas generales.

Para una eventual regulación o modificación del actual calendario se deberá hacer contar lo siguiente:

=El año contaría de 13 meses y 52 semanas

=El mes contaría de 4 semanas normales de 7 días que sería igual a 28 días.

=La semana contaría de 7 días comenzando el domingo como el primer día y terminando el sábado como el séptimo día.

=El año tendría 364 días más el día cero que sería el 365 dedicado al día perdido del origen de la humanidad. Como el primer día del año será Domingo, el ultimo día 364 será sábado luego pasado el día cero viene el Domingo día primero del nuevo año. Tendríamos que el primer día del nuevo año, del mes y de la semana seria Domingo.

=El último día de la semana, del mes y del año seria sábado.

=El nuevo mes debería de llamarse ALIEN con motivo a la universalidad de la humanidad, y en honor a nuestros ancestros. Bien podría ser el primer mes o el séptimo mes, de modo que no se afectarían algunas tradiciones de fin de año celebradas en el mes de Diciembre que bien podría ser el mes 13.

=Todas las eventualidades o acontecimientos conmemorativos a celebrarse el día cero se han de registrar con el día 365 del año que termina. Ejemplo: Día 0-(365) del 6112.

=El día 0 será el día de recordación de todos los acontecimientos perdidos. Día de recordación de nuestros ancestros desconocidos. Día de la universalidad de la humanidad, día de nuestro origen.

=Con relación a ciertas fiestas, celebraciones o conmemoraciones que se realizan el día 29, día 30 o día 31 solo habría que correrlas: Las del 29 al día 1ro. Las del 30 **al** día 2. Las del día 31 al día 3 del mes siguiente.

Hay que buscar puntos de convergencia entre todas las culturas para la elaboración de un nuevo calendario el cual tenga como objetivo; la unidad, la conciliación y la convivencia humana así como la unificación y universalización del tiempo.

Un calendario no es solo **365** días, sino, miles de millones de acciones en cada día.

El momento es propicio para la elaboración de un proyecto que universalice a la humanidad en una relación justa con el tiempo

Nota: Un calendario de dimensión universal deberá ser refrendado por la Organización de las Naciones Unidas ONU.

HONREMOS Y CELEBREMOS CON ORGULLO LA UNIVERSALIDAD DE NUESTRO ORIGEN.

DESCENDENCIA LÓGICA

PROCLAMA FINAL

La humanidad merece que alguien le pida públicamente perdón a nombre de aquellos que por razones que aún desconocemos fueron capaces de dislocar el tiempo, ignorar la historia y ocultar nuestro origen y nuestra identidad.

Hacedlo pues. No temáis, la humanidad os sabrá perdonadlos.

CONCLUSIÓN

Hace miles de años que el ser humano se ha venido formulando varias interrogantes; sobre su existencia, sobre el Universo, sobre el Creador, sobre el Origen, sobre su destino y otros tantas que quiérase o no son de gran importancia en la vida de la humanidad ya que ésta busca verdades más sólidas, mas lógicas, y más concretas sobre la realidad de las cosas. La humanidad exige respuestas claras y contundentes sobre estas cuestiones porque aún continua con un gran conflicto emocional que le crean malestar y confusión. Tanto la Ciencia como la teología han tratado de dar respuestas sobre el origen del Universo así como del ser humano, pero seguimos profundamente insatisfechos porque en el fondo sabemos que ese no es nuestro Origen. Muchos lo aceptan porque realmente no tienen otras respuestas.

Todos sabemos que la única especies capaz de planificar situaciones en contra o a favor de sí misma es la especie humana. Somos la única especie contradictoria e individualista y esto se debe a la inmensa capacidad de poder hacer diferencias entre todo lo que nos rodea, aunque las demás especies pueden distinguir, qué individuos corresponden o no a su especie.

Somos la única especie capaz de socializar con todas la demás especies aunque sea con el fin de someterlas bajo nuestro dominio, precisamente porque desde nuestro origen somos la especie con mayor nivel de inteligencia. Somos la única especie capaz de hacer historia porque hemos sido dotados de las facultades nos sitúa a millones de años luz de las demás especies. Se trata de que somos la especie más exclusiva e inclusiva del planeta Tierra.

Por otra parte, ni siquiera hemos comenzado a buscar nuestros orígenes, sin embargo, parece haber concluido porque resulta más fácil dejarlo todo así para no de confundir a las gentes después que las hemos confundido.

Han habido ocasiones en que la humanidad se ha atrevido a dar pasos extraordinarios a pesar de los obstáculos que pudo encontrar como por ejemplo: la propuesta de Galileo Galilei cuando sostenía "que la tierra giraba alrededor del sol" la cual revolucionó todo el pensamiento de la humanidad a partir de ese momento. En segundo lugar, la teoría de la evolución propuesta especialmente por Charles Darwin, "La evolución de las especies por selección natural". Esta revolucionó con gran profundidad el pensamiento de la humanidad logrando dividir la mentalidad sobre el origen del hombre. Ya no es solo la teoría religiosa sobre la creación sino que a partir de aquí el pensamiento sobre el origen se va a dividir en tres grandes tendencias: primero, los que siguen creyendo en el origen de la creación tal como lo plantea la Biblia. Segundo, los que creen en la evolución como lo plantean los científicos evolucionistas y terceros, los que aún no estamos de acuerdo con ninguna de las teorías antes dichas.

Decir que fuimos creados en el supuesto jardín del Edén o que hemos sido evolucionados nos lleva a negar por una parte, la grandeza creador del universo y en Segundo lugar, estamos negando la posibilidad de la existencia de otros seres en otros planetas o galaxias.

Nuestra visión del Universo es extremadamente limitada porque nos hemos concentrado en aquello que está solo al alcance de nuestra vista ignorando todas la demás posibilidades.

No estoy negando que la ciencia continúe buscando fósiles u otras muestras que pudieran demostrar nuestros orígenes ni que la teología siga aferrada en la fábula del jardín del Edén, sino que vayamos más allá en busca de la verdad.

Solo se llega a la verdad recorriendo el camino que conduce a ella sin importar las consecuencias, los obstáculos, y traumas que haya que vencer, porque sí no luego será peor. La humanidad debe prepararse para presenciar el acontecimiento más extraordinario que pudiera haber conocido en toda su historia.

No hay que temer, ya que más temprano que tarde tendremos que aceptar esta realidad.

Todo este misterio deberá desentrañarse para bien de toda la humanidad.

"Todo el Universo se mueve a tu alrededor aunque lo ignores."

ANÁLISIS METODOLÓGICO

A lo largo de la historia ha habido personas que han incidido en la conciencia colectiva de manera significativa con planteamientos y teorías, que verdaderos o no han generado controversias de magnitud incalculables, tanto así, que han sido capaces de dividir el pensamiento de la humanidad al tiempo que han servido para que muchos vallan más allá en busca de verdades más profundas sobre la realidad del origen.

Por nuestra parte, y vasado en un estricto y exhaustivo análisis sobre la particularidad y al mismo tiempo la universalidad del ser humano, tratamos de elaborar la presente teoría, fundamentada en postulados lógicos tomando en cuenta la importancia y significación que tiene para la humanidad el que se determine su verdadero origen el cual continua siendo un enigma. Esto encierra una gran preocupación para el ser humano ya que no puede definir su verdadera identidad como ente esencial en el justo orden de los universales.

Por tal razón hemos centrado minuciosamente toda nuestra atención, tanto a nivel particular como en el conjunto de los individuos poniendo todo el énfasis en los rasgos y características comunes que constituyen a cada raza en particular. Para tales fines hemos empleado la metodología de la observación; comparando, diferenciando y clasificando de acuerdo a rasgos y características que podrían imprimir carácter de originalidad a una determinada raza como; perfil facial, pelo, ojos, nariz, y labios.

Para la realización y fundamentación del presente tratado he concentrado toda la atención en la gran ciudad de New York, USA principal metrópolis del planeta y lugar de convergencia de todas las razas.

Después de siete años de observación, análisis y estudios, he llegado a la conclusión de que; la humanidad es **Una, Única, Múltiple y Universal** sin ningún tipo de alteración ni biológica ni evolutiva en ningún momento de su historia. Es diversa, dado que el planeta tierra está constituido por 4 grandes razas originales y una quinta en desarrollo. Esta quinta, es prácticamente nueva, la cual está constituida por las 4 anteriores. Los individuos que integran la nueva raza no presentan uniformidad de rasgos comunes entre sí, sino, que tienen características variadas y distintivas en su aspecto físico, todo depende de la mescla heredada de los progenitores, de aquí el que los descendientes sean multicolor y multifacioxtructural. En esta nueva raza vamos a encontrar siempre manifestaciones de más de una raza en sus rasgos físicos.

En definitiva, afirmamos la autenticidad y originalidad de la especie humana más allá de su aparición en el planeta tierra, por lo que negamos toda posibilidad de que seamos el resultado de un tronco común o producto de la evolución o algún otro tipo de alteración de nuestro ADN como lo plantean algunas teorías vigentes.

No existe registro alguno de nuestro origen, sino, solo especulaciones inconclusas.

AUTO-REAFIRMACIÓN

A sus excelencias:
-Los Teólogos, filósofos, científicos, exegetas, hagiógrafos, peritos, teóricos y críticos. A las generaciones presentes, a las generaciones futuras.

-Con mi teoría no infiero en blasfemias, ni apostasías, ni herejías, ni incredulidad, ni siquiera en contraposición, solo niego aquello que carece de fundamento y verdad lógica.

-Mi concepto del creador está por encima de cualquier teoría o doctrina que pretenda fronteras o límites a la voluntad infinita de la omnipotencia creadora.

-Mi fe no ha estado nunca ni estará jamás subordinada a personas, institución o teorías algunas, sino, al ser supremo y creador del todo y de la nada.

-Mi fe no está basada en falacias ni en argumentos y postulados limitativos, sino en la insustancia creadora del universo y de la inteligencia suprema.

-Mi fe no tiene fronteras, es infinita como el Universo y descansa allí, no solo en la visión tangible y palpable, sino más bien, donde quiera que exista manifestación del Creador.

-Mi fe no espera el final catastrófico. Ansiosa espera el acenso glorioso a la eternidad que me ha sido reservada. Allí estaré hasta que de nuevo sea enviado según lo disponga el que me creo.

La verdad enciende y arde como el fuego, mientras más oscuro, más se expanden sus llamas.

SIGLO 62 / CICLO 4to. /AÑO 6112
(Junio, 19-2013)

Juan de Dios Cabral

BIBLIOGRAFIA

BIBLIA DE JERUSALEM. Edicion Española. Editorial, Desclee.
De Brouwer. Bilbao. 1976

DINOSAURIA- WIKIPEDIA LA ENCICLOPEDIA LIBRE
http://es.wikipedia.org/dinosauria

TEORIA DE DARWIN: La Evolucion de Las Especies.
http://www.laguia2000.com

BACKGROUND

- Lic. en Ciencias Filosóficas
- Lic. en Ciencias Teologicas
- Ex maestro universitario
- Ex sacerdote (católico)

Juandedioscabral@yahoo.com

SONDEO DE APROBACION

La presente obra fue expuesta en conferencia en la ciudad de New York en el mes de Diciembre del pasado año 2012 en la que el 81 por ciento de los participantes sellaron sus participación con sus firmas, al tiempo que manifestaron su aprobación agregando un número porcentual de aceptación de la presente teoría.

Este sondeo le fue aplicado a unas 500 personas además de los participantes en dicha conferencia y los resultados fueron los siguientes:

-41 % la aprueba el 100 %.

-22 % la aprueba de un 80 a 90 %.

-12 % la aprueba de un 70 a 80 %.

-06 % la aprueba de un 50 a 70 %.

-19 % no están de acuerdo por eso no firmaron

www.ingramcontent.com/pod-product-compliance
Lightning Source LLC
Chambersburg PA
CBHW022018170526
45157CB00003B/1279

* 9 7 8 1 4 6 3 3 6 0 4 5 0 *